# 遊食四方

珠璣小館飲食文集

江獻珠 著

萬里機構・飲食天地出版社出版

珠璣小館飲食文集

**遊食四方**

著者

江獻珠

叢書策劃

石健

編輯

劉瑩

版面設計

歐陽應霽

出版者

萬里機構・飲食天地出版社

香港鰂魚涌英皇道1065號東達中心1305室

電話：2564 7511　傳真：2565 5539

網址：http://www.wanlibk.com

發行者

香港聯合書刊物流有限公司

香港新界大埔汀麗路36號中華商務印刷大廈3字樓

電話：2150 2100　傳真：2407 3062

電郵：info@suplogistics.com.hk

承印者

中華商務彩色印刷有限公司

出版日期

二〇〇五年七月第一次印刷



**ISBN 962-14-3070-4**

# 鳴謝

梁玳寧女士賜序
歐陽應霽先生設計
梁贊坤攝影
朱楚真校對
香港中文大學聯合書院天機電算室整理過時電腦資料
萬里機構同人的協力與
許許多多朋友的鼓勵和支持

# 前言

珠璣小館主人江獻珠女士將多年前在《飲食世界》及《飲食天地》月刊刊登的稿件經重新修訂，並增補許多新的內容後結集成書，交由萬里機構出版，囑我代為寫序，讓我的心情好不複雜。

一方面，我感到義不容辭，與有榮焉，另方面，我感到戰戰兢兢，壓力重大。

義不容辭，是因為與江獻珠女士相交二十多年，她當時刊登在《飲食世界》的稿，是由我以主編的身份約撰的；與有榮焉，是能夠在這套傳世之作佔一個小小席位，確是我的幸運與光榮。

為什麼會戰戰兢兢？因為江獻珠女士字字珠璣，小女子的文筆猶似野人獻曝，唯有以誠補拙吧！

當年《飲食世界》月刊着實為本地讀者發掘到幾位人物，如海鮮專家「漁客」先生，如國際電視烹飪明星甄文達先生（Mr. Martin Yan）......，江獻珠女士是其中一位。當時大概是一九七八年吧，小女子如初生之犢，胸口掛個勇字便策劃第一屆職業廚師烹飪大賽，在熱鬧而忙亂的會場出現了一位雍容大方，貴氣中又流露着書卷氣的美麗女士，原來是剛自美國返港定居的陳天機夫人江獻珠女士，一位烹飪專家觀賽來了。

由於我們有一位共同朋友——以「特級校對」為筆名，香港的食經鼻祖陳夢因先生，又有共同嗜好，所以一見投緣。知她見識廣博，家學淵源，豈能放過，所以專誠約稿。當然，我更看準了她對廚藝和美食的熱誠，才敢開口，不然，那份聊表心意的稿費，豈能請得動她那種殿堂級數的人物？

江獻珠女士的稿來了，我們全體同事爭相傳閱，嘆為觀止！非僅內涵豐富，文采出色，那手蠅頭小楷，更是娟秀端整，篇篇皆勝貼堂文章。

她對烹飪的態度視同學問研究，一絲不苟，盡意盡心，那份精神至今未曾稍變，亦因此她的作品能別樹一幟，經得起時代洪流，可以有存閱價值。

悄悄告訴讀者，江獻珠女士之成功，她的夫婿陳天機教授功不可沒。這位電腦學專家，前中文大學聯合書院院長從來對夫人的愛好十分支持，由她烹魚翅他摘銀芽；到執她之手訪遍歐美名廚食府......，都可記一功。

放眼世界，所以江獻珠女士筆下的題材非一般作者可比，若不是她圖文並茂的介紹，不少人還以為竹笙是竹樹的內膜，而不是一種菇菌，可能錯到今天呢！

對於美食的愛好者和烹飪的研究者，這套「珠璣小館飲食文集」就應該像辭典一樣，是你必藏之書。其中不乏饒有趣味的環節，更是辭典所無的收穫了。

祝願陳天機教授、江獻珠女士和普天下的美食愛好者，飲和食德，健康愉快！

2005年6月

梁玳寧女士：美食及食療作者，曾獲世界傑出青年獎（1984）、
法國路易士美食家獎（1979）及香港市政總署委任為「食物衛生大使」。
現為香港旅遊發展局「美食之最大賞」顧問，
香港中廚師協會及澳門中廚協會名譽顧問。

## 二十七年的飲食閱歷

一九七八年夏，我隨外子從美國回港公幹，值《飲食世界》雜誌籌組的「香港第一屆美食大賽」正要舉行，為了索取入場券，認識了雜誌的主編梁玳寧女士。蒙她一力約稿，回美後便開始作初次嘗試。我那時只是個教中菜的老師，從來沒有寫飲食文章的經驗，起初很是膽怯，後來獲前輩特級校對陳夢因先生的鼓勵，他也開了一個專欄，每月陪我一起寫。外子陳天機偶然也來湊興，於是便有「珠璣小館飲食隨筆」一欄的誕生。

外子生在職業人家，缺乏家庭飲食薰陶，而且老早便留學就業於美國，中菜的飲啖經驗極其有限。幸而他讀好了書，入了當時最吃香的電腦公司作研究，常到外國公幹或講學，接觸了很多不同的飲食文化，品嘗了不同民族的食製。而他是個如假包換的書獃子，見書便讀，這麼一來，既閱且歷，自有他對飲食的見解。在飲食酬酢的場合，每有人稱他做「江先生」，他亦不以為忤。七九年他開始回香港教書，每年夏天回美歇暑，對中西飲食文化的差異，別有一番體會。

「珠璣小館」也者，江獻珠、陳天機的小廚房是也。我們取了兩人名字的最後一字作館名，本應為「珠機」，但我們的祖先都是在南宋時從粵北南雄珠璣巷避難散居廣東沿岸的難民，選了「珠璣」為名，略可代表我們廣東人的身分。

從我在《飲食世界》的第一篇文章算起，到一九九八年停刊，至最近完成結集成冊時的最後修訂，足足有二十七年。除了一段時期斷斷續續供稿，整體來說，每月寫一篇約四千字的飲食文章成了一個好的習慣，使我不能不留心一切與飲食有關的事情。在過去漫長的日子，由於不停的閱讀和親身的經歷，塑造了現在的我。

細讀過去近三十年寫下來的東西，內容極其蕪雜，我已刪去一些不合時的文章，收入在這文集內的，則分成：「佳廚名食」、「造物妙諦」、「我食我思」、「飲食健康」和「遊食四方」五大部分，大多數是按時序編排，顯示事情發生的先後。有些文章附有後記，算是總結這些年來的變遷，尤其在飲食健康方面，可以見到在研究上和觀念上有顯著的變化。外子的文章則分登在第一第二兩部。

此外我在另一本雜誌－《飲食天地》也有專欄，其中有一系列「蘭齋舊事」的文章，描述我兒時在江家的飲食經驗，結果催生了話劇和電影「南海十三郎」和我後來寫的《蘭齋舊事與南海十三郎》一書。

不敢說這是我們的飲食傳記，但肯定代表我們飲食生涯的數十年閱歷，從陸續記下的零碎事蹟，讀者也許可以看到食壇的走向罷！

江獻珠誌

二零零五年七月

# 目錄

### Les spécialités qui ont fait la renommée de l'Auberge de l'Ill

Frs

Le potage de grenouilles au cresson

La terrine de foie d'oie truffée

La truffe sous la cendre

Le saumon soufflé "Auberge de l'Ill"

La mousseline de grenouilles "Paul Haeberlin"

Le homard Prince Wladimir

### Les plats de la Cuisine Bourgeoise et de notre terroir

La matelote d'Illhaeusern au Riesling "Tante Henriette", nouilles maison

Le chariot de fromages

Le Munster sous toutes ses façons (chaud et froid)
(à commander au début du repas)

Nous vous proposons également le menu Haeberlin
dont les plats varient suivant le marché
au prix de Frs (service compris)

Ce menu ne peut être servi que par table complète

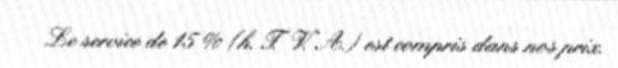
Le service de 15 % (h. T.V.A.) est compris dans nos prix.

Auberge de l'Ill

*Le Pont de Brent*

在歐洲四處遊歷，
品嘗美食，人生一
大快事。

PONT DE BRENT

# 府上

**（原文寫作於1985年6月，2002年3月修改）**

山明水秀的海德堡

去年外子休假，元月離中文大學返美國加州萬國機器公司復職，並展開幾項研究機器設計。二月份受公司派往北京講學，我隨行趁機多多體會北京點心製法。五月份我們合著的《漢饌》一書，在紐約被提名參選一九八四年度最佳食譜。雖未獲獎，但我們能置身如斯盛會，廣增見聞，實屬不可多得。

繼續我們從紐約南下路易士安那州的新奧連斯市，目的是品嘗當地的美食。新奧連斯百多年前為法國人佔領，如今市內的法國區，尚保留當年特色，食制以法式為主。但近年相繼崛起的幾個土產廚師，各具特長，俱偏重用最新鮮的作料以簡單方式去烹製饒有家鄉風味的菜式。一家由名廚Paul Prudhome主持的餐室，每晚大排長龍，遊客趨之若鶩。我們也夾雜在人叢中，足足等了兩個半小時，總算領教過了。美國人日漸傾向發揚民俗食製的熱潮，於此可見一斑。

七月底外子從公司正式提早退休。接著八月應德國海德堡科學研究所之聘，作為期四月之研究，外子先行部署居停，我稍後方赴德國。

海德堡地處德國西南部，是一個山明水秀的城市，古跡很多，更有全德國最老的一所大學，交通非常方便，兩三小時的旅程，便可抵達其他歐陸國家。所以我們一到週末，必定出門；既可瀏覽歐洲古舊文物，更可隨處試食。手執《米芝連旅遊指南》一本，按「星」索驥（註），吃上一頓精采的，回家休息一個星期，又再作打算。雖然每次出門，短短數天，時間和金錢似乎比連續性的旅遊較浪費，但好處在能從容計劃，不必在一特定時間內，走馬看花。

其實我們並不是那麼咀饞，不過既然到了一塊新地方，實該明瞭一下該地的飲食風尚。尤其若知道有「有星」餐店在附近，務必要找到為止。有時為了「非星不入」的原則，夫妻二人找得飢腸轆轆，且常有過其門而不能入之嘆。

除夕我們返抵香港，八五年一月三日外子因冠心病突發，入中大醫學院醫院留醫，二月在美國史丹福大學醫院接受開心手術。三月返港照常上班授課。但因遺傳關係，雖然開了刀，並不表示病已治好，問題仍然存在，一飲一食，戒律甚嚴。以我們一向醉心飲食的研究，不止「心到」、「手到」，而且更要「口到」。如今縱有美食當前，也是可望而不可即，而所謂烹調，卻變了計算熱量的總和，有點啼笑皆非。

衣食壽考，人謂必有定數，不能強求，可惜要我們放棄美食的追求，等於合力耕耘好一塊園地，忽然雜草叢生，卻又除之無力。

作者就留歐四月之飲食經驗，寫出與同好者分享。

從海德堡到巴黎

## 「府上」之行

抵德第一個週末，值公眾假期，我們便往巴黎去。在歐洲旅行真簡便，只消晚上趁臥舖火車，一覺醒來便抵目的地。我們到了鐵塔下的希爾頓酒店，為時尚早，房間還未收拾停妥，於是立刻趕上早班的巴黎市區遊覽團。回程時路過大歌劇院附近一個小廣場，驟見「府上」，我們連忙下車。

「府上」(Fouchon) 被公認為全球最著名的美食百貨店。與其依音直譯「府上」，倒不如稱它為「庫倉」還來得貼切。很多旅遊指南，都列「庫倉」為必訪之地。多年以來我們就想著要去見識一下。

「庫倉」佔廣場一角，一共有很多相連的小店。數學大師陳省身先生告我，全巴黎只「庫倉」一家有鮮鵝肝醬出售，叫我們非試不可。我們要了薄薄一片，便值十美元，的確比罐裝的鮮嫩。我們見到很多品類不同的鵝肝醬，實是洋洋大觀。顧客到此，可隨意挑選，帶回家中品嘗，不必上飯店也可大快朵頤。

火腿部掛滿了世界名產，窗櫥內有零售，隨買隨切。很多人買了火腿，到隔鄰的麵包部買麵包，並夾入乳酪，便是一頓很豐富的午餐。「庫倉」出售的乳酪，起碼有數百種，麵包花款之多，自不在話下。香腸佔足一個部門，窗櫥是近街的；一批批買客，駐足而觀，認定要買什麼，方進店選購，否則眼花繚亂，拿不穩主意。麵條部就在隔鄰，寬的、幼的、綠的、新鮮或乾的，堆得滿滿。

「倉庫」美食林林種種：

肉醬；

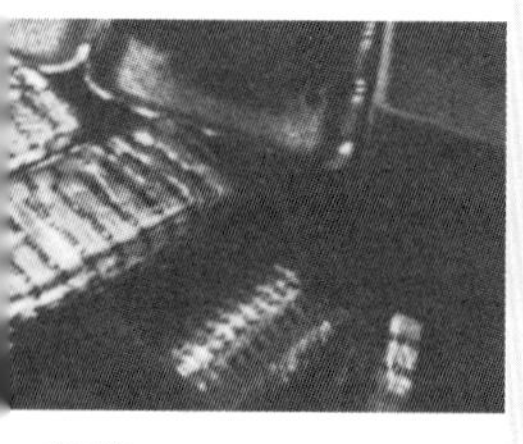

蔬菜；

肉凍

熟食和半製成品是「庫倉」的最大特色。三文魚、魚子醬、熟龍蝦、大蝦、小蝦、品質新鮮而上乘。一盤盤的肉凍和冷食，都經精心巧製，任君選擇。加了味的飛禽，諸如鴿子、鵪鶉、雉雞等等，可直接放入烤爐。膾炙人口的蝸牛也是現成的，一烤即有，串燒牛、羊肉，排肉，全都準備好，利便繁忙的巴黎人在家宴客，只消去「庫倉」走走，一切就緒絕不用張羅。

法國土產品，不用說是集中在「庫倉」了。新鮮果蔬，日日空運應市，時屬秋末冬初，仍可見到荔枝和紅毛丹。蔬菜品種，包羅萬有。野生的菌，培植的菇多得難以分辨。有黑金之稱的松露菌，卻靜悄悄地躺在小籃裏。

「庫倉」的餅食，賣相精緻，直引人垂涎欲滴。咖啡部有一桶桶的咖啡豆，即買即磨，濃淡不一，都是精選。此外又有糖果部和菸草部，供應的無非是最上品。

如果想一試「庫倉」的食物，廣場外有「庫倉」快餐店，每日輪流供應多種熱菜和沙律。餐後又可嚐嚐當日的甜點和咖啡。這塊小地方不設座位，但天天站滿了人，其中不少慕名而來的遊客。

遊罷「庫倉」，總算還了心願。但我們認為「庫倉」聲名雖大，但沒有倫敦哈勞氏 (Harrod's) 百貨公司地下的食物部完備和寬敞，更談不上氣派。最少「庫倉」沒有各種各樣的海產、肉類、家禽和野味。更不似意大利佛羅倫斯的中心市場那麼質樸無華。有一樣是肯定的，你去「庫倉」購物，總少不了獲得一份從名店而來的心理收益。

（註：米芝連旅遊指南，係由米芝連汽車輪胎公司編撰，評論歐洲若干個國家的旅店和餐店，等級以「星」為主，三星為最高榮譽。）

米芝連旅遊指南

# 史特拉斯堡

**(原文寫作於1985年7月，2002年3月修改)**

離開「庫倉」，回到酒店立刻從米芝連旅遊指南抄列了好些巴黎的三星餐室的名字，請酒店的職員替我們搖幾個電話去訂座。他看了名單望著我們說電話是可以代搖，不過十、十一兩個月是巴黎的旺季，要吃有星的館子並不容易，尤其是三星的，更非一兩個月前訂位不可。但他仍很有禮貌地一家一家的去搖，回答都是本週客滿，好幾間只接十二月的訂座。

我們太天真，以為有幾天逗留在巴黎，總有機會，想不到連一星的也告滿座。那職員提議我們若有心去試，不如先定下十二月的位子，到時再來。我們見不能即時決定兩個月後的行程，於是作罷。經他推薦吃過幾間連一星都沒有的海鮮餐室，生蠔、龍蝦，尤其是淡菜(港稱青口)，比諸美國的，味道較強，但炮製得法，吃起來特別滋味。我們自己也會找些小餐室，都稱得上夠水準。難怪朋友皆稱道巴黎的館子，不論大小，各有千秋。

史堡內的羅馬式大教堂

週沒有假期，我們在週末只能去一些較近的地方。從海德堡開車西行一小時，可抵德法邊境，再往西走，便是法國亞爾塞斯省的史特拉斯堡(Strasbourg，以下簡稱史堡)了。

史堡是二次大戰後歐洲議會(European Parliament)之所在地，雲集無數共同市場成員國的政客，是一個繁盛的都市。市內有不少古跡，最著名的是市中心的羅馬式大教堂，經常吸引一大批遊客。

史堡雖是法國地方，但於1870至1918年為德國佔領，德國的影響力仍存。當地人多操德語，飲食半帶德國風味，著名的亞爾塞斯白酒，是用德國方法釀製。與大教堂同負盛名的是史堡出產的鵝肝醬。長久以來，此處養鵝採用填飼方式，文豪大仲馬氏曾描述過，說鵝都是先被弄瞎了眼，然後把掌釘在木板上，看不見，行不得，養尊處優。飼餵時先從鵝口塞入一個漏斗，加入玉米糊灌進鵝肚內，一日數次，直至鵝肝長得又胖又大，通常每副重逾兩磅。

除了以鵝肝為主料的菜式外，史堡的代表菜為一個饒有德國風味的酸椰菜盤。酸椰菜上鋪滿了好幾種肉腸，其中以牛血腸最為特別。此外還有鹹肉、鹹豬手、煙豬排等，伴碟的是煮熟馬鈴薯，食時佐以芥醬，分量很大，想來只合高頭大馬的德國人。我們合用一盤，仍然有賸。那些醃過的肉和肉腸，既鹹又膩，異國人的口味，實難以理解。

Maison Kammerzell
餐廳

在大教堂附近有一家叫Maison Kammerzell的餐室，位於一座十五世紀的建築物內，此建築物數百年來為不同的家族所擁有，有個時期還是一個藝術之宮。現時仍存有不少名畫和塑像。雖然米芝連指南只給予餐室一星，但因建築物的歷史和藝術價值，餐室的名氣淩駕其他市中兩星餐室之上，餐室共佔三層，地下和二樓是正式餐室，三樓有大可容六十人的宴會廳和三個小餐室，閣樓是藝術家們的工作間和展覽室，遊客到此，欣賞一番文物，吃頓好飯，正是豐儉由人。

我們一抵史堡，便先去Kammerzell定好當日的位子，纔到處遊覽。大教堂內一片肅穆，四週的彩色玻璃窗，顏色和圖様都細緻多采，看得人屏息靜氣。教堂外的廣場，擺滿了桌椅，遊人在此休憩，仰望教堂的設計和建築，呷口啤酒，真是閒暇得令人羨慕。

當日Kammerzell的特餐有暖鵝肝沙律，正菜是黑梅焓鴨。鵝肝僅熟，鮮嫩甘香，不愧為名廚手下的名菜。鴨子則平平。甜品是個土生土長的酥皮萍果批，很特別。

史堡的規模，當然比不上巴黎。但巴黎的大百貨店及服裝店，在此都有分號，貨色相若而比巴黎約便宜兩成，是個購物的好去處。這裏的超級市場，蔬果、家禽及野味，應有盡有。我們到過史堡一次，只覺仍有再去之必要。後來只要有半天的時間，我們都會去史堡買菜。朋友笑我們傻瓜，殊不知多去一次，便對法國的食物多一分認識，而且，買了新鮮的鵝肝醬，還可以像巴黎人帶返家中慢慢品嘗呢！

酸椰菜盤

# 漪河居

**（原文寫作於1985年9月，2002年3月修改）**

一個深秋的週末，我們又往史特拉斯堡(Strasbourg)去。在市中心吃過中飯，本擬逛逛公司和買菜，但記得南部的高瑙瑪市(Colmar)也是個旅遊勝地，而且附近的漪河鎮(Illhaeusern)還有間大名鼎鼎的三星餐室叫漪河居(Auberge de L'Ill)，於是甚麼都不買，開車便走。

漪河居原貌

高瑙瑪是個古城，有座建於十三世紀的教堂。市內一角仍有很多三、四百年老的房子，窄窄凹凸不平的石路，蜿蜒其間。這裏的博物館，在法國甚負盛名，收藏豐富，可惜我們要趕路，不敢久留。

沿公路往南走不遠，便見往漪河鎮的路牌和去漪河居的指標，找起路來一點不困難。加油時油站的老太婆見我們陌生，問要到那裏去，告以漪河居時她歡喜地說：「啊，希伯靈一家都很和善，你們一定會欣賞他們的美食和熱誠的招待。」

到達目的地時天色漸暗，只見河畔有一所民房，燈光黯淡，也不見有招牌，門前車稀，那似間大餐室。下車趨前細看，見兩扇玻璃大門裝有「H」字，斷定係希伯靈(Haeberlin)姓氏的縮寫。推門進去，座位空無一人，想為時尚早，客人還未到。

正在四處打量，一個穿禮服的青年人從廚房出來，我們問今晚有否機會在此進餐。他很抱歉地說位子已全預訂滿了，明天星期日，午、晚兩餐亦如是，恐愛莫能助。我們大失所望，只好離去，心中悻悻然豈有入了寶山空手而出之理！

登上車子，本想就此作罷，忽然靈機一觸，跑回餐室去找著那青年，說我們來自香港；你們的少東馬克希伯靈 (Marc Haeberlin) 年前到香港文華酒店表演時我們適在美國，失了機會。此次特地從德國趕來，但沒有預定位子，可否幫忙。而且，我還打算為香港一本飲食雜誌寫篇報導漪河居的文章，當然更希望見到馬克。

保羅希伯靈 (左三)、馬克 (左四) 及莊皮亞 (後排最右)

殊不知他一聽了便說：「香港？馬克若是知你們從香港來，他一定非常高興。他正準備在下星期五，燒十道中國風味的菜式款待他的朋友呢！這樣好了，明天上午十時，你搖個電話來，看看我能否擠你們進去。」他介紹自己，叫馬高 ( Marco)，他太太是馬克的姊姊，漪河居的會計，而他，是總管。

## 我們喜不自勝，謝了又謝

可是，到那裏歇宿呢？出門時不打算在外面過夜，沒有預定旅店。滿以為小鄉村中，總有留人之處。怎知一家接一家的問，都說客滿，十幾哩路內皆如是。後來據一家大旅店的人說，每年當此週末，漪河鎮有個跑車展覽，似乎全歐洲有名堂的新舊跑車，都在此處陳列，是一年中之盛事，想廿哩內也不容易找到房間，起碼要開車到「沒有旅舍」方有希望。(註：那地名Milhouse，法文發音果真是沒有旅舍。) 果然，到了「沒有旅舍」便找到旅舍了。

## 應該介紹一下「漪河居」了

顧名思義，Auberge de L'Ill就是漪河的旅居，位於法國東部一個小鎮，漪河 (ILL) 流經其間，故得名。這個餐室是由希伯靈兄弟，保羅及莊皮亞開設 (Paul and Jean Pierre Haeberlin)。保羅主廚，莊皮亞管理餐室業務和公關。他們兄弟倆都在餐室樓上出世，是如假包換的土生。他們的老祖母，很早時便在此開設一家小鄉村餐室，供應的是家鄉菜。那時交通不像今日方便，老祖父常驅車到附近的火車站接客人，生意還算不錯。

第二次世界大戰，希伯靈的祖居被焚。兄弟二人把它重建並將相連一些地段精心修葺成園。有漪河在旁，細水慢流，垂楊輕拂，天鵝成群浮游河上，園內時花遍植，河岸綠草如茵，堪當「全法國最美麗的餐室」而無愧。

保羅十五歲時便離家到亞爾塞斯區一家著名餐室隨前俄沙皇御廚學藝，深諳傳統法國大菜之奧秘，後回漪河居自立門戶，集名師手法及祖母家傳，加上個人創見，菜式別具一格。開業三年，米芝連指南即給予漪河居一星，八年後給兩星，至一九六五年榮獲三星，與白駒氏 (Paul Bocus)，亞倫雪飄 (Alain Chapel) 及脫拉高氏兄弟 (Troisgros Brothers) 同齊名。另外一家指南叫「高及米路」(Gault and Millau) 的則給予十九分 (廿分為滿分)。

現時的漪河居，名義是保羅掌廚。兒子馬克，耳濡目染，有乃父風，且已升堂入室，晉身世界名廚之列。

星期日在電話中馬高説已安排好我們午飯的位子，叫我們一時半方可來，這樣飯後馬克便可以和我們傾談了。

這是個好晴天，微帶寒意。馬高帶我們先到花園一張小桌坐下。侍者送來鮮橙汁和迷你式用蝸牛肉做餡的小撻，酥化可口，香料味道甚濃。我們坐在河畔柳樹下，看天鵝魚貫而過。餐罷的食客都來園中，在太陽下喝咖啡和吃點心。衣香鬢影，點綴了園林景色三分。

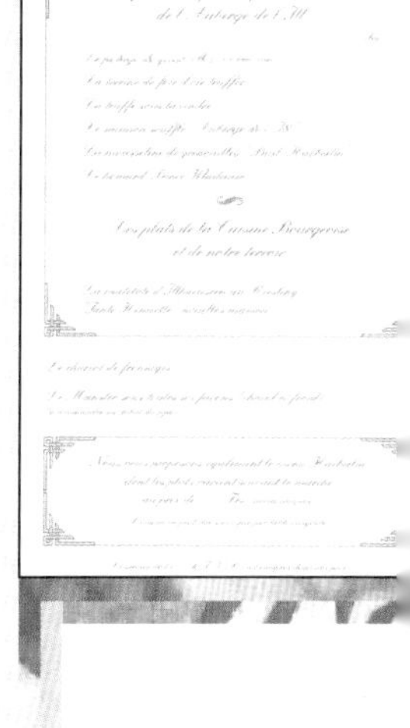
Les spécialités qui ont fait la renommée
de l'Auberge de l'Ill

Les plats de la Cuisine Bourgeoise
et de notre terroir

大概有客走了，我們被領進去。餐廳很寬敞，不似一般傳統法國餐室那麼金碧輝煌。佈置簡潔而清雅。牆上掛了幾幅油畫都是以漪河居為題材，出自莊皮亞手筆。聽説室內的裝置，都是他一手設計，色調以很淡的灰綠色為主，養目怡神。但有人卻批評他們的格調不夠華麗，那就見仁見智了。

像眾多有名的法國新菜餐室，漪河居也有他們的淺嘗餐單 (Menu degustation)，可說是精華所在。廚師的心得和靈感，都在此餐單發揮無遺，應時作料盡量利用，因此常常更換。每一道菜的分量頗小，大有淺嘗即止之風。唯其如此，客人才能多試幾味廚師的拿手菜，少食反而滋味多。這種餐，要預訂而且每日供應份數有限，我們已是後來居上，食不到也是理該。

我們不比本地客能常常光顧，機會只這麼一次，怎能盡嘗希伯靈家的好菜。結果點了兩份不同的套餐，兩人分用，便可試到六道菜式了。

計沙律有：鮮鵝肝醬和咖喱汁小龍蝦芒果沙律。

因高瑪離產鵝肝地史特拉斯堡很近，天天有新鮮鵝肝送到，希家的鵝肝醬與別不同，鵝肝醃好後釀上黑菌整個用酥皮包起裝在模子內烤熟，切片上碟時鵝肝仍呈塊狀，甘香軟滑，酒味甚濃。伴碟的是時蔬。咖喱汁小龍蝦沙律遐邇聞名，被美國食評家捧上了天，到此方見廬山真面目。土產的法國小龍蝦，僅熟爽脆，芒果則欠香味，但加上咖喱汁倒是一個新的味覺經驗。大概廚師聯想力豐富，方能敢膽創新到如斯境界。咖喱汁混入奶油，色味俱淡，浮上一兩片芫荽葉，是畫龍點睛。

Auberge de l'Ill

海鮮有：沙文魚梳乎厘（souffle）和田雞軟羔（mousseline）。

這兩道招牌菜，創自保羅希伯靈。很嫩的一塊沙文魚，包在薄薄一層的梳乎厘中，汁液尤其特出，怎也試不出作料來，只好自認見識淺了。田雞軟羔負名菜之譽，惜法國田雞欠鮮甜，美中不足。但做工精細，是道手工菜。田雞去骨留肉，骨煎成湯加入鮮帶子及蛋白奶油打成茸。小模子內先放入田雞肉，倒入帶子茸隔水蒸熟，汁液是用亞爾塞斯白酒和魚肉熬成，淡中見濃，果有一手。

主菜有：野菌會牛柳和桃汁燜鴨胸。

個人一向不喜食肉，但牛柳煎得嫩滑恰當，紅酒汁濃郁，兩人共用只嫌太少。野菌身脆味芳香，農民採自附近林中，季節甚短，我們能及時嘗到，實夠口福。鴨胸肉半熟不生，肉紋幼嫩，帶肉味。桃汁酸酸甜甜，特別醒胃。伴碟是芹菜茸，與鴨肉同上似乎風馬牛不相及。

之後是乳酪，整車推來，外子特別欣賞羊乳酪，我則嫌其味有羶腥，不敢領教。雪葩大會串，光是用野莓做的便有好幾種，口味一新。甜品是熱酥皮果撻和朱古力凍羔，吃完還有咖啡和小餅食。

客人漸次散去，希家一天的忙碌暫告一段落。馬克招呼我們到一個小客廳，爐中已生起了火，幾個人坐在一起談天倒也寫意。馬克希伯靈很年輕，看來卅歲左右，高個子，瘦瘦的，一提起香港便眉飛色舞。他說當日在文華表演，白天有空時常溜到中菜部看廚子燒中菜。回到法國，融匯中法烹調技巧，加上個人體會，有時燒些近中味的法國菜饗朋友。奉客的，只限於在汁液中滲進些中國味道而已。我問他打算要燒那幾樣中國菜請客，他說距下星期尚有幾天，他向來不預先準備，視乎當天有什麼作料和驟然的心血來潮，往往菜式全是驚奇之作。

馬克說他很喜歡香港，望有機會再去。惜這一兩年他忙於在美國新奧連市開店，想短期內不會如願。談在香港的烹調經驗，他認為離開了自己熟習的地方，用別人的廚房，烹製經過空運的作料，雖是同一道菜，出自同一人手，總有差別。我插口說：「雖同一道菜，出自同一人手，在香港吃，跟在這裏吃，那是天淵之別。」大家笑起來。

馬克從香港只帶了蒸籠回家，沒有帶鑊。他認為西式爐灶並不適宜用鑊。我隨他入廚，提議把煤氣爐的架子倒過來便可穩承圓底的鑊。如果把部分作料先泡泡油，再回平底鑊拋幾下便收爆炒之效，我答應回到德國會寄些我們書上的資料給他。

結果保羅、莊皮亞、馬高和他太太都來湊趣，言笑甚歡。只是黃昏近了，又是準備晚餐的時候，於是告辭，約好日後在香港再會。

回家偶檢出賬單，發覺酒水一項竟是免費，連忙寫信去道謝並附入食譜。不久馬克又有信來答謝。算是以食結緣吧。

*Volailles, Viandes et Gibiers*

[illegible]

*Entrées*

[illegible]

*Crustacés et Poissons*

[illegible]

# 再訪「漪河居」

**（原文寫作於1992年11月，2001年11月修改）**

答應過要帶孫兒文翰去法國吃名廚的大菜，一從香港回到美國便給三星廚師馬克希伯靈（Marc Haeberlin）傳真了一封信，說我們一家六口將會在八月十三日到他的餐室「漪河居」晚飯，希望能訂到位子並會在抵步巴黎後，打電話落實。以八月是人人放假的時候，如果沒有好的關係，在法國預訂這些名店的位子，實難於登天。我們還希望，或者希伯靈家能替我們安排到世紀廚師盧布松（Robuchon）在巴黎主持的「嘉名（Jamin）」餐室用膳。

因為不甘做「鴨仔」被趕，一家人自行組團。我們自八月初離美，僕僕風塵、走了四個國家，光是搭乘火車，上落拖行李，有如軍隊「拉差」（見本書第88頁），折騰已近兩星期，直至到了德國法蘭克福，租了一部九人小巴，纔舒一口氣。優悠地享受了幾天古城風光，大家依照原定計劃，特別繞道法國史特拉斯堡（Strasbourg），專程前往期望已久的「漪河居」。

正如米芝連旅遊指南所下的定義：三星餐室是值得專程拜訪的（Worth a special journey）。「漪河居」在離史特拉斯堡約三十五公里的小鎮漪河鎮（Illhaeusern）上、漪河（L'Ill）之畔。這個小鎮，地處阿爾薩斯（Alsace）一隅，人口只有五百十七人，除了開車，並無公共交通直達。雖然遠在一九六七年米芝連指南已頒給三星，世界名人諸如法國總統、英國皇太后、文豪沙特、艷星馬蓮德烈治等等都光顧過，但「滃河居」並非一般遊客涉足之地；眾口同聲說：「委實太遠了!」

「滃河居」是由希伯靈家族、祖孫三代合力經營。數十年前老希伯靈先生已在現址開設餐室，賣的是阿爾薩斯鄉土菜。兒子保羅接棒後，鋭意創新菜式，昇華了粗豪的鄉土風味，添上法國大菜的精湛技巧，創出了一系列獨特的菜式。一九五三年得米芝連的第一顆星，四年後獲二星，之後扶搖直上，廿多年來穩列三星寶座，食客慕名而來的，絡繹不絕。

現時由保羅的哥哥約翰皮亞(Jean Pierre)主理店務。他本是個建築師，也是個業餘油畫家，還兼任鎮長。他把簡陋的祖居，改建成一幽雅的小榭，店裏的室內設計，牆上掛的畫，瓷器上的圖案，與及由兩個背對背的小楷h字母組成的店徽，都是他的傑作，連在滃河畔的花園，他也不肯假手於人，親自悉心料理。

馬克是保羅之子，幼秉庭訓，熱中廚事。及長，入法國新菜大師白駒氏(Bocuse)、查高兄弟(Trogrois Brothers)三星名廚之門，習藝孜孜不倦，獲多項榮譽後返家，與乃父共同鑽研，菜式有更進一步的改變。六零年代法國新菜泛濫，希氏父子仍一本初衷，不肯隨波逐流去標榜新菜。

我認識馬克，全由一個「緣」字。八四年外子休假回美，提早從IBM公司退休，去了德國海德堡做研究。素聞在法、德邊境，史特拉斯堡附近有這麼一間餐室，便選了一個週末到那裏走走；而事前沒有訂位。我知道馬克在七八年曾和一行八位三星廚師來過香港，而且在文華酒店的法國餐室獻藝。我順勢打起香港牌來，卒於得到他妹夫馬高特意安插我們星期日午餐的位子，馬克更答應在餐後和我們會面。

我們德國的住處，離「滃河居」只有一個多小時的車程，但我們決定留在附近過夜。翌日喫了一頓愜意無比的好菜，攀談間方知道馬克十分喜歡燒中菜，我答應一回到德國便會寄些單張食譜給他，還約定日後如再見面，我一定送他我寫的中國食譜。他收到單張後，十分客氣回我謝柬。八五年我把這次食緣寫在《飲食世界》，題為「追星錄」(見本書第23頁)。

事隔八年，馬克的廚藝與日俱增。雖然法國高米路飲食指南捧出了三位世紀廚師，一些知名度甚高的飲食評論家卻認為「漪河居」可能是當今世上最佳的「餐室」。我和馬克雖久未通音問，但我相信只消稍提一下，他一定會記得我。這樣，我一家六口的訂位自然沒有問題了。

我在巴黎甫下機，便打電話去落實訂位。很幸運，我們有的是星期日晚餐的位子，馬高還叫我們早些到，好趁天未黑前，好好地在花園中休息一會方進餐。

我們果然早到。星期天的漪河鎮，似個死鎮，路上沒有一個行人，只有密密的名牌車，停在「漪河居」與教堂間的小路上。我們在漪河上的小橋留連，拍了個合家照(孫兒持鏡、故不在照片內)，見到園中已坐滿了人，大家便進店了。馬克在門口迎客，我立刻把辛辛苦苦背了十多天的食譜送了給他，當下如釋重負。

鵝肝啫喱凍

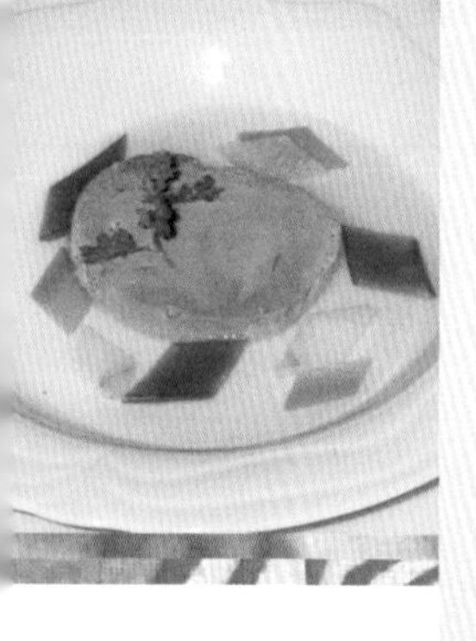

寒喧過後，我們被帶到花園，坐在紫籐花架下。兩岸垂楊，幽美如畫，偶爾幾隻天鵝游過，劃破了流水的恬靜。服務生穿著整齊，送來每人一客「小點心」和飲品，算是希伯靈家以誠待客的餽贈。

點心是馬克最拿手的沙文魚梳乎利；薄薄一片鮮沙文，捲着幼滑的稜子魚糜，旁伴半隻鵪鶉蛋，上綴一撮魚子醬，外加幾片嫩菜葉，清鮮細緻，送以當地釀製的「慕士傑」(Muscat)白酒，芬香馥郁，沁人心脾。我們一面品酒，一面讀餐單，結果我和外子都認為：雖然希氏父子有一套特別手法演化當地的傳統鄉土菜為精美的法國大菜，本該逐一去試，但這些都屬主菜，份量很大，點了一道便吃不下其他菜式了。所以決定除了小妹妹食量小，我們全點連芝士、甜品、一共有八道菜的「希伯靈精選」。而精選的菜式全視乎當日作料的供應而定。我只要求有個帶野菌的菜。

夜幕漸垂，拂面晚風微帶涼意，一眾客人都內進就坐。經過這麼多年，餐廳內似無大變動，還是那雅淡的色調，恰似柳絲新綠。座位仍是那末寬敞，客滿了也不覺擠迫。鮮花隨處，擺插得簡樸有緻，盡是出自希家大小姐的心裁。男女侍應彬彬有禮，一對穿上禮服的小童，一男一女，在勤快地幫忙派麵包和牛油，想來一定是希家的第四代、日後的接班人。

賓客魚貫而至。老一輩的穿得高雅大方，年輕的漂亮趨時，充分表現法國人的衣着品味。在柔和淡素的燈光下，仕女們低聲交談，舉止莊重，連他們的神情，足堪入畫。這裏不獨沒有巴黎大餐室的金壁輝煌，食客們的爭妍鬥麗，更沒有氣燄萬丈的總管，和那狗眼看人低的侍應。在漪河居裏，你只會覺得舒適自在，全心投入美食的意境裏。也許這就是氣氛和排場的最大分別吧！

這是約翰皮亞最忙的時候；他一桌、一桌的走，給熟客問好，向生客表歡迎，使人頓生「賓至如歸」之感。留心桌上的陳設，雖不例外仍是法國名餐館的三部曲——百家麗 (Bacarat) 的水晶杯；幾是朵芙 (Christofle) 的銀器；而冷描素 (Limoges) 的瓷具，卻是約翰皮亞匠心獨運；特大乳白的餐盤，輕輕描上幾絲綠柳，加一個店徽，已勾畫出餐室的神韻。筆挺潔白的餐巾和桌布，一向由老希伯靈太太打理。上次我見她時已年近九十，不知她近況如何？

我們讓小妹妹的菜先上，是總管特為介紹的：鴨胸鵝肝卷，外伴野菌紅酒汁、雜菜和當地著名的酸紅椰菜。嫣紅半生的鴨胸與微黃的鵝肝之間，隔著一層翠綠的菠菜茸，美麗極了。坐在旁邊的哥哥垂涎欲滴，妹妹慷慨地分他一口，他嘗畢大讚：「好香！好嫩！」

小妹妹的主菜

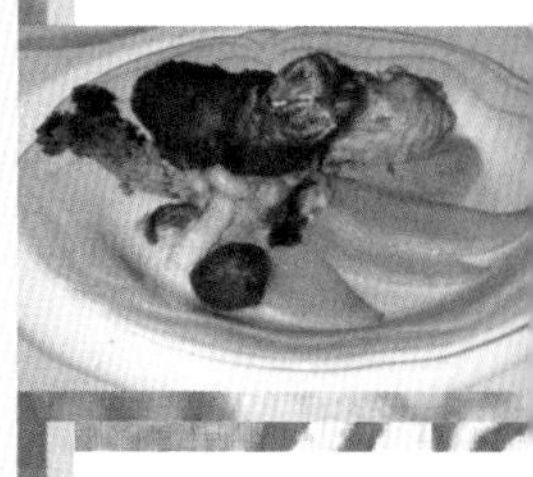

酒單很廣，阿爾薩斯酒區的白酒尤其豐富。但酒師一力推薦一種用苹努華葡萄 (Pinot Noir) 釀製的土產紅酒。我們自然不便堅持，不過大家都覺得酒身薄了一點。

第一道菜是鵝肝啫喱凍，用的是史特拉斯堡特產的鮮鵝肝，依正統法國大菜方法炮製，切片後上碟方加啫喱凍。鵝肝醃透了原件裝入模子，蒸得恰到好處，剖面尚隱現雲石紋，與一般磨細的鵝肝醬大異其趣。鵝肝幼嫩甘香，帶干邑的芬芳，啫喱凍清澈見底而味極深厚，想底湯一定要經過幾番刻意的澄清手續。這道菜結合了傳統技巧、當地土產和希氏父子的創意，揭開了我們美食品嘗的序幕。

第二道是芒果汁雙拼大蝦；一炸、一燴。炸的是當中釀了海鮮糜，燴的甚似中式的炒，該脆的脆，該嫩的嫩，但太接近中國口味，我們看來無大新意，只可說是中規中矩。

第三道是煎聖皮亞魚(Saint Pierre或John Dorey)。這算是法國魚中之王，肉質爽結而脆，火候控制一失當便會變得乾硬。我在香港吃過多次，可能不夠新鮮，從未滿意過。這塊魚煎得十分到家，嫩、滑、鮮，兼而有之，分量又足，只嫌芹菜汁少了些。伴碟的炸茄子很酥軟。

煎聖皮亞魚

第四道的龍蝦球，對我來說是一個考試。龍蝦在法國菜，位僅次於黑菌和鵝肝，每位三星廚子都有自已的一套煮龍蝦的板斧，各有千秋。這道希伯靈式的會龍蝦顯見與別不同，用料也難於分辨。汁液微覺黏口，我相信不止單用起了肉的龍蝦、雜菜和香草，一定還有帶皮連骨的肉類同熬，慢火收緊後致味道濃得化解不開；海鮮、肉、蔬菜、香草和酒的味道溶匯在一起，緊緊地掛在龍蝦球上。但，汁裏還有些方丁，看似肉，咬下去卻似筋，質地更似我們的牛白腩，究竟是甚麼東西？大家仔細品嘗，仍不得要領。不過，龍蝦的確鮮嫩而味厚，那些肉丁更有趣，咬口特別而完全沒有任何肉類的味道，想是牛仔腩，但不敢肯定。我不懂法文，精選餐單是口述的，無從研究，就當它是個解不通的謎吧。

謎樣的龍蝦菜

到此，大家已吃得差不多，再上第五度的肉菜時，覺得太多了；這是煎鹿扒，伴炒野菌和阿爾薩斯式麵條。馬克還特別為我們每人另加一小碟炒野菌大會。鹿扒煎得既香又嫩，汁多而內裏尚紅，但我素不喜肉，吃了一塊，其餘的送去孝敬孫兒。馬克抱歉說野菌尚未大造，種類和質地都不算理想，但我們已是十分滿足了。

煎鹿扒

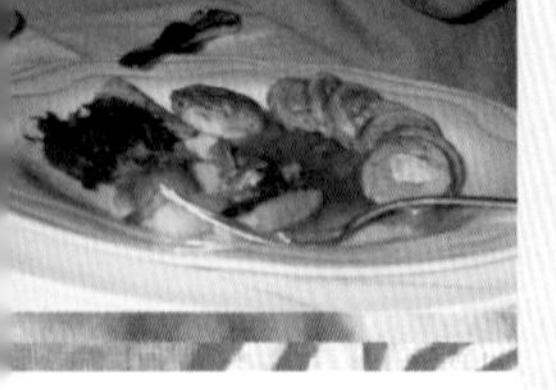

芝士車推來了，琳瑯滿目，「五色」繽紛。一想還有兩個甜品，怎吃得下！但侍應央我們一定要試試他們的土產緬思特(Munster)芝士。德國有個城叫 Munster，我一向以為 Munster是德國芝士，殊不知卻來自阿爾薩斯。一試之下，果然與德國市上出售的大不相同。雖然橙色的外皮看來無大分別，但芝士軟嫩得要淌出來似的，入口使溶化，甘腴之極。

兩道甜品都十分精彩。冷的是土產小黃梅，去皮稍煮，加些酸忌廉和特製黃梅醬，香甜而一點不膩。暖的是焦糖燉蛋布典（creme caramel）加黑莓汁和兩色雪糕。黑莓原個上碟，微微的酸味中和了焦糖的甜和布典的濃膩，甚至與雪糕也配搭得天衣無縫。小妹妹的雪糕拼盤也十分吸引，有黑胡桃、開心果、雲厘拿三種。

這是一個愉快的晚上：良辰美景，樂事賞心，三代親情，朋友再遇，夫復何求！豈又是排場和體面所能給予。

離美前和同文馬朗兄通電話，他說八八年馬克到三藩市表演時曾吃過他的菜，未見有何超卓之處。以馬兄多年的評食經驗，從職業的角度去看，馬克的廚藝可能譽過其實。但要吃一頓完美的菜，除了廚子的烹藝，還要看作料的質素，吃的環境、情調、及食客的心懷。沒有親切的鄉土氣息，沒有溫情洋溢的「漪河居」，馬克在外實無所施其技，難怪他說不想再遠行了。他是屬於「漪河居」的。

至於巴黎「嘉名」餐室的定位，約翰皮亞說星期日找不到盧布松，而且六個人一起，實在「太強」，在這個季節，恐怕更難了。他叫我們到了巴黎不妨試去輪候。我女兒覺得，吃過這麼好的一頓，已很開心，如果食必三星，寵壞了我孫兒的口味，那麼她將來真不知如何去「養育」子女了。

吃世紀廚師盧布松的菜，若是有緣，他日總有機會。

小黃梅加醬

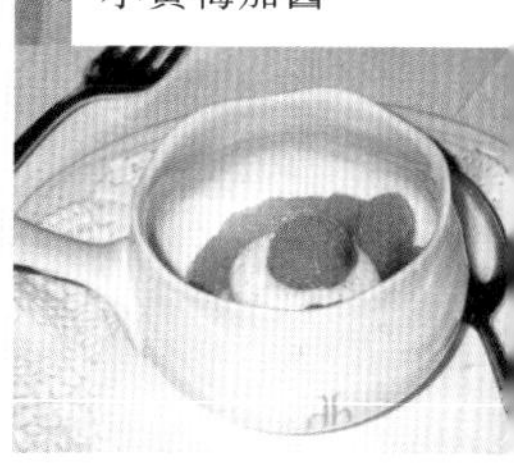

焦糖燉蛋布典

小妹妹的雪糕拼盤

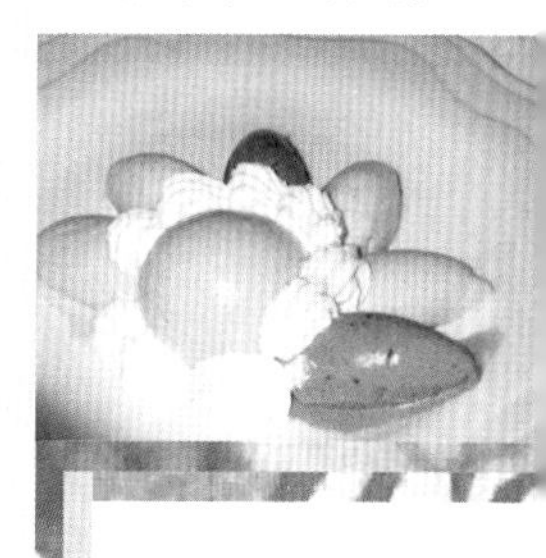

# 昂喜與一珍

**（原文寫作於1985年11月，2002年3月修改）**

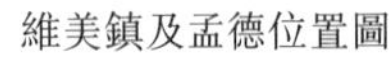

維美鎮及孟德位置圖

多年前在美國加州聖河西州立大學任教時，我和張蘊禮共同主持的「飲膳計劃——中國菜」課，有一位來自瑞士叫昂喜狄倫（Henri Dirren）的男學生。他是個營養學博士，任職於瑞士雀巢食品公司的研究所，專門興趣是落後地區的營養問題，他這次來美是被派往史丹福大學與諾貝爾得獎人坡靈博士（Dr. Linus Pauling）合作。

昂喜對中國菜有濃厚興趣而且又是個食家，與班上其他的美國學生背景不同，見聞又廣，多時偉論滔滔，是班上的中心人物。他修完初級，再修中級課，後來還不嫌跋涉，到我家中與一班中國學生一起學做中國酒席菜，可謂苦心之至。到學期中他身邊多了一位中國女士叫杜一珍，家在香港，是個柬埔寨的華僑。自此他們與我和外子時相過從。我家地處加省一個釀酒區，昂喜的餐酒學問很博，常和外子去試酒，話題之多，永遠談不完。

不久昂喜與一珍一同返瑞士結婚，數年後誕下一女。但他們間中會返美國，因此常有見面。生活在外國，朋友的來去本極尋常，一去不回者佔大多數，而我們能常和昂喜一家保持聯絡，實屬難得的緣份。昂喜常常說他家附近有一間全世界最出名的芝或第（Girardet）餐館。若我們到歐洲，他一定會帶我們去試一下。

我們一抵德國便給一珍寫了信約定日期去瑞士看他

們，順便到法國里昂一行，朝拜法國新菜的聖地。

昂喜和一珍住在瑞士的白朗里城(Blonnay)，是雀巢公司的大本營，毗鄰是維美鎮(Vivey)和著名旅遊區孟德(Montreux)。從德國海德堡(我們住的地方)晨早開車，午後便可抵達，交通十分方便。

見到一珍，寒喧未話她立即緊張地說，芝或第餐室的位子早就滿了，他們接信後一直在輪候有人退位，但到今天仍無消息，恐怕吃不成了，真是抱歉。

話說這間餐室的主人弗弟(Fredy)芝或第數年前受瑞士政府委派為親善大使到美國紐約獻技，之後聲譽日隆，有「歐西最佳廚子」之美銜，號召力甚強。嚮慕美食的遊客，專程到瑞士以求一嚐弗弟名菜的不絕如縷，定位之難，有達三月排期之久。這次沒法插進去，昂喜改帶我們到維美附近一家叫「橋頭堡」的餐室(le pont de Brent)。

這家餐室，立在橋旁，一向生意不錯，最近大走紅運，剛接受了高及米路飲食指南(Gault and Millau)的一個特別獎，在湖畔孟德區一帶算是叫得很響亮。我們抵店時客已滿。昂喜是此處的常客，與餐室主人素稔，他介紹時說我是他的中菜老師，而且新出版了一本食譜。不料主人一聽見中國食譜，便立即進內捧了一疊出來，多是在歐洲印行的。昂喜翻了兩翻，說聲對不起便跑了。原來他趕回家把我的食譜拿來讓主人看看。

「橋頭堡」餐室

我們坐下來定神留意一下，餐室裝置十分傳統，絲絨帷幕、水晶燈，花團錦簇，銀器生輝，華麗而沒特色，保守之至。

一珍味覺特別敏銳，菜饌裏放了什麼香料或調味品，她都能一一分辨。她特別提點我說這家的菜式常帶點中國口味，要我留意品嘗。我們都點了套餐，每人挑選不同的配搭，四個人便可分嘗多幾種菜式了。廚師贈送的前食不列在餐單上，很精緻，多屬酥皮點心之類。一珍嘗了一口，認定一個小蛋撻內有美極香草(maggi plant)，但昂喜大不以為然，夫妻二人便爭執起來，一問總侍，果然，一珍好不得意。大家於是從美極醬油談到美極雞精，原來都少不了這種香草。

冷盤有兩種，鵝肝醬夠標準但不突出，沙文魚醬則平平。田雞忌廉湯略嫌味寡，想係品種異於中國田雞之故。海鮮每人有兩式，煎蝦是用長及手掌的深水明蝦，開邊後灑上蒜蓉和香料煎得僅熟，有港式蒜蓉蒸蝦的風味，但更香更濃。蝦肉質地脆嫩，比廣式油泡蝦更勝一籌。另外一式的魚卷用的是比目魚，身薄肉滑，起骨去皮後捲着魚、帶子和小生蠔，稍蒸即移到鋪滿白酒汁的盆上，火候恰到好處，清而不膩。

主菜男士選煎鹿扒，我和一珍分用一隻燒乳鴿。鹿扒的伴碟的雜燴野菌，每種質地和香味都不同，有以爽脆勝，有以嫩滑見長。據一珍説，維美附近有個小市集，每屆深秋農民入山採野菌，週日便拿到市集出賣，種類繁多，可惜上週市集已散，要待來年了。鹿扒肉嫩味濃，汁液色深紅，微帶生薑和八角味，一珍肯定是借鏡中菜調味法，以辟野味之腥臊。乳鴿是地道法國式，燒半熟，侍者即席片開胸肉上碟時，肉嫩猶帶鮮血，與法國烤鴨胸有異曲同工之妙。

吃至此已經過飽，但昂喜堅持我們不要錯過這裏的雪葩盤，每人一碟，每碟擺上顏色不同、欖形的小雪葩球，種類之多，排起來五色繽紛，多是用鮮果製成。但最特別的一種是用煙村小種茶液來做，有很濃的煙茶香，與日本的綠茶雪葩相比，實不遑多讓。最後推來的甜品及芝士又是洋洋大觀，還有小餅點，我們的確無法再消受。

當晚我們落榻在昂喜家。昂喜替我們搖電話去里昂定酒店房間和晚餐的位子。翌日昂喜上班，一珍帶我們去參觀他們在建造中的房子，位在小丘上，矚目遠眺日內瓦湖，水色山光，微雲一抹，信是人間仙境。繼著一珍帶我們去孟德區買乾菌，林林種種，滿載而歸，錯過了鮮菌季節，也算亡羊補牢。中午一珍打電話到芝或第，得到兩個月後一個星期五午餐的定位，我們約定將會依時再來。

分手時一珍抱著女兒送別，眼中隱浮淚光。我在她家勾留只一日，察覺到一珍眉宇間有層淡淡的哀愁。見她暨琴封了，畫筆掛起了，加上遲來的責任，只好相夫教子，但難免就此芳華虛渡。瑞士人保守，涯岸自高，不易接納東方人，昂喜的家世和學術上的地位，給一珍更大的壓力。我們無從開解，只有默祝一珍幸福和快樂。

「橋頭堡」的餐牌，封面就是它的畫像

「橋頭堡」餐單

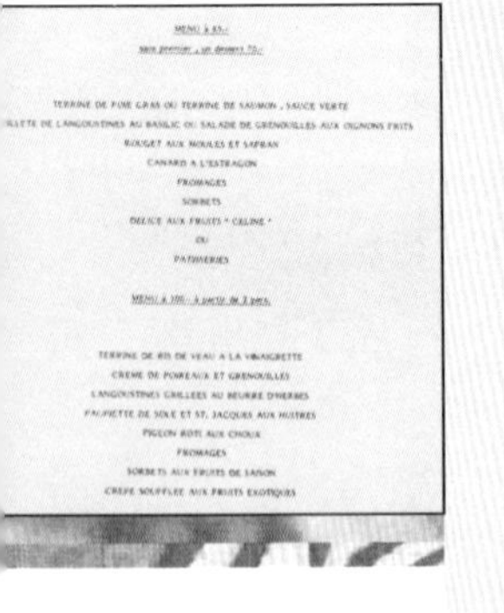

MENU à 85.-

sans premier , un dessert 75.-

TERRINE DE FOIE GRAS OU TERRINE DE SAUMON , SAUCE VERTE

LLETTE DE LANGOUSTINES AU BASILIC OU SALADE DE GRENOUILLES AUX OIGNONS FRITS

ROUGET AUX MOULES ET SAFRAN

CANARD A L'ESTRAGON

FROMAGES

SORBETS

DELICE AUX FRUITS " CELINE "

OU

PATISSERIES

MENU à 100.- à partir de 2 pers.

TERRINE DE RIS DE VEAU A LA VINAIGRETTE

CREME DE POIREAUX ET GRENOUILLES

LANGOUSTINES GRILLEES AU BEURRE D'HERBES

PAUPIETTE DE SOLE ET ST. JACQUES AUX HUITRES

PIGEON ROTI AUX CHOUX

FROMAGES

SORBETS AUX FRUITS DE SAISON

CREPE SOUFFLEE AUX FRUITS EXOTIQUES

# 里昂

**（原文寫作於1998年12月，2002年4月修改）**

亞士高飛

## 里昂——法國新菜的發源地

離開我瑞士學生昂喜的家，開車西行約四五個鐘頭便抵法國的里昂。多少年來神馳於這塊飲食傳奇的地方，我們終償所願。

里昂位在法國東部，是個工業城市，風景文物不足引人入勝，倒是它所處領導法國美食的地位，使不少本國及外來的遊客，心嚮神往。事緣二次世界大戰後，法國出了兩位烹調奇才。一為亞歷山大杜冕（Alexander Dumaine），主持他在蘇流（Saulieu）的餐室；另一位就是里昂南部維安鎮（Vienne）上金字塔餐室（Restaurant de la Pyramide）的主人范南鵬（Fernand Point）。兩人當時被公認為自亞士高飛（Escoffier）以降，最富創建性的大廚師。

自廿世紀初，亞士高飛即雄霸英、法、俄食壇，著有食譜一冊，法國廚師無不奉之為圭臬。流風所及，一年一度的廚師選拔賽，參賽者例須烹製一道傳統亞士高飛大菜，循規蹈矩，不能越雷池半步，但鵬氏及杜冕，深感傳統式的法國大菜（La Grande Cuisine），實在太濃膩，而且烹煮時間過長，作料的鮮味及質地全受破壞，只靠賴奶油和乳酪煉成濃厚的汁液去彌蓋，大大違背美食原則。於是他們極力推行簡化烹調手續及淡化汁液，以求保持作料的原味和鮮度。

兩人分庭抗禮，共領風騷數十年，名噪全球，尤其范南鵬之盛名更熾，飲食中人俱尊稱之為「鵬爸爸」。凡經各級比賽獲得殊榮之廚師，莫不以能隨鵬爸爸學藝為榮，因此他的金字塔餐室，不單只供應富饒新意的菜式，尚為法國食壇訓練出一群優秀廚師。在里昂一帶便有多位擁有三星名銜的高徒如白駒士 (Paul Bocuse)，亞倫雪飄 (Alain Chapel) 及脱高士兄弟 (Troisgros Brothers) 等。其他門徒，散佈世界各地，飽享盛名。他們秉承乃師教誨，樹立一嶄新門戶稱新派菜 (Nouvelle Cuisine)。其中表表者之白駒士及其門下，創製了一系列反傳統的菜式，一時風起雲湧，在六十年代中期已奠定了新派菜的地位，極受傳統廚師之妒視，譏之為美食黑手黨。

之後十數年，杜冕及鵬爸爸相繼去世。白駒士飛黃騰達，得了利便要名，不時周遊列國示範表演，出版食譜，更在東京開設分店，終年營營役役，難得駐店，少不免冷落客人。由其手下烹出的菜式，水準不一。餐室名氣雖大，食客不無怨言，好些慕名求食的客人，不遠數千里而來，多時撲一個空，嘗到的不是正牌菜式，很是生氣。我們讀到不少批評他的文章，都道他利慾薰心，置名譽於不顧。

里昂位置圖

當學生昂喜代定位子時，他也提過這個問題，萬一白駒士出門去也，豈非誤了一個晚上。結果我們定了金字塔和亞倫雪飄兩家的位子，明知范南鵬物故多年，此行當它是朝聖可也。

## 如此教母

金字塔餐室位於里昂之南，離市中心約廿分鐘的車程。所在之街道有個金字塔形的牌坊，想餐室由此得名。自范南鵬去世，遺孀鵬媽媽撐住門面，所用廚師全受過鵬爸爸訓練，不過不失，多年來仍穩拿米芝蓮指南的三顆星和高及米路指南的三頂廚師帽。

十一月底的里昂已入初冬，寒意蕭然。我們找到餐室，先行經一度鐵欄，才進入宅院，頗寬敞，落葉滿階，托出餐室內的燈光更形溫暖及柔和。一個穿晚服的侍者帶我們入座，滿臉冷峻，很不在乎客人似的。時已晚上八時，餐廳只得半滿。

目光所及，餐廳裝置確是一派豪華，想承襲了當年氣象。水晶酒杯、銀器及餐具十分精緻考究。餐廳成長方形，窄的一邊通入廚房，相連餐廳與廚房是一度日本式的黑漆活動大門，滿嵌五彩金花，非常古雅，特地前來瞻賞這道門的大有人在。近廚房處橫放一張長桌，一方座着一個碩大的銀瓶，插滿了粗壯鮮艷的紅劍蘭，驕傲地向四週伸展。桌的另一方有個特大的銀盤，盤中堆滿五色繽紛的時果，很夠體勢。

我們分點兩種不同配搭的套餐。依稀記得頭盤是個鵝肝釀酥盒，焗過了時，鵝肝餡乾得可以。龍蝦湯既鹹又濃，全不是味兒。炒帶子還算合格，是當晚唯一可取的菜。主菜我選甜酸汁烤鴨，也是烤過了頭，而汁液則酸極刺鼻，可謂難食。外子的馬鞍羊排更糟，碟上放滿厚厚的幾塊，雖點明要半熟，但切開後血色全無，顯已十成熟有多。幸而菜上得慢，我們猛啃麵包，總算不致捱餓。甜品也是現成切塊供食，並非逐客炮製，草率之處，比巴黎的小餐室也不如，但收費之昂，不下於任何三星餐室。人客不多，自有道理。

離去時鵬媽媽站在門口，傴僂白髮，顫危危地向客人點頭送別。我們為她惋惜不已，一教之母，就算不能光大門楣，也應保之守之，何頹敗至此！

返德國時路經以產芥醬出名的「第戎」(Dijon)，在一家美食店買到一本八四年英文版的《高及米路》指南。一查，只覺自己吃足了虧，早知去白駒士那裏碰碰運氣，說不定還可一試他親手下廚的好菜哩！

范南鵬

## 試聽聽《高及米路》說些什麼：

「抱歉得很。但我們決不能拖延下去了。我們顧不了這「偉大夫人」的羞辱，顧不了我們記憶中那辛勤的丈夫，顧不了遍佈全球他的出色學生，更顧不到我們的羞恥和品味，這次我們不得不在眾目睽睽之下摘去金字塔一頂廚師帽了(即是降格)。其實，他們的食製早已過了潮流而廚師泰發(Thyvard)不獨不加以改良及維護，反而處處表現他在抗拒昔日的光榮。小龍蝦加上一個荒謬的汁液；無足掛齒的煙沙文魚；精美的龍蝦沙律被難受的蔬菜破壞淨盡。過了火的烤鴨被太酸的汁液扼殺；野雞煮過了頭；牛腰用太多油去煎而不夠熱；甜品也中看不中吃。當然，一切一切均可稱高於一般水平，但卻遠遠在我們期望之下。請原諒我們。不過，失敗並不是永恒的。」

# 亞倫雪飄

**（原文寫作於1986年1月，2002年3月修改）**

兩年前我加入了法國燒烤美食會香港分會。會長馮秉芬爵士告訴我，若憑會員證在法國定位吃名館子，會有很大的方便。美食會在全球有五百多個分會，會員多是名廚和飲食行業中人，對於會友總會優先接待。我們這次在里昂定位，打出了這張牌子，果然十分順利。但上一晚在金字塔餐室吃了一肚子氣，一切希望，全寄於亞倫雪飄身上了。

亞倫雪飄 (Alain Chapel) 祖上兩代便在里昂北部的小鎮米安內 (Mionnay) 經營餐室，但一直未受人注目。適有家鄉村式餐室叫查理媽媽 (Chez la Mere) 的要招頂，亞倫的父親便把它承過來，仍留查理媽媽主廚。亞倫自少便熱中烹事，他在里昂一些大餐室工作過一個時期，獲當時紅透半天的新菜之父范南鵬 (Fernand Point) 賞識，聘亞倫到他的金字塔餐室當副手，師徒二人時相切蹉，創作了不少新菜式。之後，亞倫前赴巴黎廣集見聞及更新的經驗。

一九六七年逢查理媽媽告老退休，亞倫應乃父之邀還家主持餐室，大事改革，無論在餐單、服務、花園及餐室內部裝置，都煥然一新。接手後兩年，餐室即獲米芝連指南給兩顆星，至一九七二年亞倫參加法國最佳廚師大賽獲首名後，翌年得三星之榮譽。亞倫年僅卅五，便已晉昇至與法國四大名廚平起平坐。

現時餐室直接以亞倫雪飄為名，他又購得與餐室毗鄰的小旅舍，由雪飄媽媽主持。很多外地的客人，不單只可以欣賞亞倫的精心美食，還可在那鄉村風味的旅舍渡過平靜的一宵。亞倫且自設酒窖，兼營餐酒生意，合飲、食、旅三業於一體。

亞倫很重視他的客人，如非有特別事故，甚少離店，不似其他名廚只求名利，不是四處開店便是表演示範，他一定在門口迎賓，他向我們打個招呼後走開，領班便帶我們入座。

一如其他的法國新菜餐室，裝修不重華麗。但亞倫的餐廳夠寬大，沒有間格，清雅中帶寧靜，滿座客人卻鴉雀無聲，顯見來此用餐是件莊重的事。壁爐生起熊熊火光，從冷峻的格調中摻進些溫暖。

亞倫雪飄的套餐單

套餐只得一種，我們只好要同樣的菜式了。

餐前小食不列在餐單上，由侍者捧來炸香的小魚，旁圍著炸菠菜葉，也是清脆可口，用來下白酒，其味無窮。聽説這是亞倫的獨步單方，風行了十數年，歷久不衰。我們十分欣賞桌上的擺設，時花、銀器、名瓷皆屬上品，水晶杯設計尤其特出。盛酒部分、酒杯的柄和底座構成一「C」字形，簡直是件藝術品而不是器皿。

我們鄰座是個單身的，很有氣派，叫了一瓶名酒，自斟自酌，點的是盤散餐。見侍者招待殷勤，想是個來頭不少的常客。

第一道菜是熱的，紅魚柳伴欖油燴青蒜，紅魚焙得正中火候，既鮮又嫩，汁液微酸，是名副其實的醒胃菜(appetizer)。跟着又是名菜一道，紅酒汁煎鮮鴨肝塊伴小白蘿蔔。鴨肝兩面煎脆而中心帶嫣紅，蘸上紅酒汁更覺香濃。白蘿蔔是附近土產，本已小型，批削成欖，賣相更好，經上湯會過，實在已是個獨立菜式。但如此配搭煎鴨肝，並不是人人敢為，亞倫之勇於創新，於此可見。

第二道是個炒野菌鬆，多種野菌切小粒，用牛油香草合炒，與烤脆薄多士同上，處理方法很不尋常，但個人覺得法國野菌種類繁多而各備千秋，若將多種質地不同而香味各異的菌粒混炒一起，合成品便是一個大集會，個別作料的本性，便消失在群體內。心中想：若是改為炒原隻野菌大會，則食者能一一品嘗，豈不更妙？抑或亞倫旨在共冶一爐以求全味？

主菜來了，竟是個龍蝦雜菜煲。用湯菜作主菜的，除法國南部的海鮮大會是個湯菜外，在其他地方甚為罕見，但此菜能膾炙人口，定有因由。菜是原煲上，一打開蓋，熱騰騰的，香氣撲鼻。可惜侍者慢條斯理的表演解剖龍蝦，到我們觀賞完畢時火氣已過了。湯很濃，濃在味而不加澱粉，呷一口，口口實在，酒的香，龍蝦羔的濃郁，雜以甘筍、芹菜、大蒜、黃蘿蔔等，加上湯色呈赤硃，正是七彩繽紛。我們每人分得龍蝦尾半隻，蝦肉雖然很嫩，但我寧選那些在濃湯中的蔬菜。

雪葩種類多，任食客自選，芝士亦然，尾食是個熱的燜梨，澆上用橙汁和拔蘭地熬成的糖漿，梨軟滑，汁香濃，考究之處，中國甜品豈能望其項背！

進咖啡時上的小餅點也毫不馬虎，做工細緻，件件不同，幸而所有菜式都清淡，我們方能逐塊品嘗，餐後拿著那沉甸甸的「C」形水晶杯，喝一口冰水，也是一種異樣的享受。

現今以亞倫雪飄為名的餐館仍然營業

離去時亞倫親自送客，還和我們攀談。問他何時再來香港，他說當年(一九七八)是由法國政府安排，與七位同行經香港入中國大陸作飲食交流，至今仍未有任何赴港的計劃。他在餐單上簽了名送我們，還連聲說請下次再來。

高及米路一九八四年美食指南給亞倫雪飄十九分(二十為滿分)，三頂廚師帽，但很多人批評他們招呼欠週，尤其那管酒的，更是傲慢。我和外子都不覺得，也許是香港和美食會的雙重關係吧！

後記：亞倫雪飄已於多年前去世，雖然以亞倫雪飄為名的餐館仍在原址營業，但聲望已不如往日。

# 雅閣

**(原文寫作於1986年2月，2002年3月修改)**

在德國住了三個多月，只去過巴黎一次，而且連一星的館子也吃不到，一想起便不服氣，趁著天還未下雪，我們又往巴黎去。

上次領教過，訂巴黎名館子的位，要有時間，有耐性，起碼等上一兩個月，否則便要放棄或者出點術。我們這次學乖了，依著在里昂的計劃行事，扯出法國燒烤美食會的大旗，總算定到了L'Archestrate (音「雅閣是得體」) 餐室的午飯位子 (午飯而已)。

Archestrate本來是古希臘時代一位名廚的名字，不知是否這家餐室主人亞倫山大郎 (Alain Senderens) 有意附庸風雅，抑自命不凡，挑了這麼個名字。山大郎紮起於六十年代後期，當時法國新菜運動如火如荼，他不甘後人，把自己原來的小店賣了，改在富有藝術氣氛的旅遊區開設新店，附近就是羅丹 (Rodin) 雕像館。店子所在街道遍設畫廊，不愧為一個好去處。

巴黎名館子素以傲慢見著於世，對待美國人尤其不客氣。法國人認為他們不過枉有金錢而無飲食文化，只識食漢堡包和大塊肉的人，給他們美酒佳餚，等同糟蹋，往往見到美國遊客上門，就老大不高興。但他們早曉得要預定位子，餐室方面便無話可說了。可是巴黎人覺得好餐館的位子常被外國遊客佔去，本地人反而望門興嘆的居多，於是政府去年立例規定遊客只能佔餐室容客量百分之二十，以保障巴黎市民的美食權益。

我們先到羅丹雕像館，再在附近蹓躂，然後戰戰兢兢地進入「雅閣」。畢竟我們聽了不少，讀了太多有關巴黎館子的臭聞，身為東方人，不知會出些甚麼洋相？又會受些甚麼招待？

進了「雅閣」，在接待處自報姓名，說是法國燒烤美食會會員的。總管侍白了我們一眼道：「當然，而且還是從香港來的！」。他領我們到餐室一個角落，行人必經，是最蹩腳的位置。我們能奈他何，有位已是萬事足了。

坐下來點了兩份「淺嘗菜單」(Menu Degustion) 和半瓶紅酒。我不大能喝，尤其在白天，臉紅耳赤的多難為情，管酒的以為我們小氣，又是另一塊臉孔。打發了兩人後，我才留意一下四週的環境。

山大郎年少得志，廿來歲便躍登三星名廚寶座，如今才四十出頭，財運亨通，少不免帶有暴發戶氣味，不惜工本，用最名貴而典雅的Limoges瓷器(簡而清先生譯為冷描素，很雅，十分得體傳神)，銀器是Christofle(刻是朵芙)精製，酒具則是Bascarat(百加麗，又是簡先生的譯名)。可是全堆在一張小餐桌上，減去了這些精品的雍容。餐室不大，光線陰暗，座位擠迫不用說了，還無端的在餐室內遍置高及人頭的室內植物以為間隔，顯得地方更為狹窄。食評家都貶山大郎的品味，遠遜他烹調的天才，加上眾多高談闊論的食客，坐在一角確不好受。

冷描素瓷器

管侍經過，問他我可否留一張餐單作紀念，他滔滔的說了一大堆，無非是他們餐室每日客似雲來，餐單是手寫的，若每人都要一張，豈非要請一專人繕寫不成！他指著一個侍者，說是他寫的，要向他商量。我們說可以另付小費。

前食終於來了，是不列在餐單上、以便隨時更換的小鹹點：有小型酥皮奶撻；有用薄麵皮包成的小春卷，內有咖喱肉餡；有芝士條，還有一些很袖珍的小食。前此未曾嘗過，味道及質地與作料各各不同，大小不超過一寸丁方，論個子，可比我們廣東點心還要小。

第一道菜是沙律。餐單上列明有銀元龍蝦肉、小生蠔、醋汁青蒜、炒鮮蘑菇及魚子醬。侍者端到桌上只見一個大盤子，中放一小堆炒蒜絲，酸酸的，很夠味，兩旁各放一塊龍蝦肉。所謂銀元，大小似個香港五角輔幣，不及半英寸厚，銀元下面有一暈淡黃的咖喱汁。小蠔是用生菜葉包起，蒸熟，只有花生米那麼大，咬下去鮮嫩有汁。鮮蘑菇切薄片，炒好，堆在盤子右下方，上放「兩粒」紅似珊瑚的沙文魚子，在左方則有幾絲黑菌，飄逸有緻。作料的配色和安排，似足隔壁畫廊的抽象畫，全盤食物每種只得一小口，想是貴精不貴多。

第二道熱菜是蒸縐葉椰菜包鮮鴨肝。歐洲椰菜種類不下七八種，最常見的是圓形的，有黃有綠，也有縐葉的。虧山大郎想得到，他挑些葉身較薄，顏色較淡的縐椰菜葉，在開水內拖軟用以作皮，包住一塊約莫大半吋厚、一吋大小、醃好的鮮鴨肝，上桌時，大盤中就是一個翠綠的菜包，別無其它配菜或汁液，但一切開便有原汁溢出，暗帶酒香。鴨肝蒸得僅熟，幼嫩濃郁。這一道菜看似簡單，但要知道一塊包起的厚鴨肝，何時蒸得恰當，那就全憑名廚的經驗了。山大郎的作風，向以敢膽稱著，以一片粗賤的椰菜葉去配珍貴的鴨肝，確是匪夷所思。

主菜是燒鴨胸，兩人分食。鴨烤半熟，起胸肉切薄片，每兩塊鴨片中間用一行焦糖炒黑椒為分界，排成一扇形，淋以微帶薑味的橘汁，味濃而微酸，鴨肉鮮嫩帶血，而黑椒稍焦，嚼時有種黏牙的感覺，混著鴨汁，風味雋永。

幾道菜上完了也不覺肚裏有甚麼，只好多試幾種芝士。甜食是個野草莓撻。一簇小指頭般大小、腥紅的野草莓，密密地綴在酥皮上。盤子早已加了熱辣辣的野莓醬，一時芬香酥脆，共冶一盤。那是我們在法國吃到最佳的甜點。

忽見一身裁高大，于思滿臉的廚師從裏面走出來，逕自坐到一個長桌上與朋友言笑晏晏，滿室客人也懶得招呼一下。這就是我們在美國雜誌上常見的山大郎了。難怪人多批評他年少高傲，目中無客。

付賬時管侍終於給我們一張餐單，我們回敬他額外小費。請他求山大郎簽個名，他說：「他老人家七八十歲，不便打擾了。」我登時氣結，坐在那邊明明是山大郎其人，而且很多人都識他廬山真面目，受此愚弄，真的啼笑皆非。

反過來自問，追星追到千里外，所為何事？吃到的又是甚麼？答案很簡單：吃名廚的勇猛和智慧。

山大郎來過香港，入過中國內地，聞說與香港食家唯靈有點交情，他在巴黎接待唯靈當然另外有一套。

米芝連旅遊指南給「雅閣」三顆星，高及米路美食指南給分十九（廿分滿分）。評語認為菜薄價昂，服務混亂，接待冷淡。這些都是實情，但我們能吃到完美無瑕，心裁別出的一頓飯，總算開了眼界，廣了見聞。

回家打開餐單，那裏是手寫的！想原稿是手寫了去印，手寫的地方只是每天的特別菜式而已。我們被管侍幾番愚弄，只好自嘆不夠見識！

後記：我們和美國朋友談起巴黎餐室管侍之傲慢，他們都說就算有了訂位，不等如訂到好位，懂門路的一定要識趣，暗地塞些鈔票到領位的手上，自然走通了後門，

原來如此！後來我們回到美國，紐約的法國餐室也有這樣的陋習。

雅閣的餐單

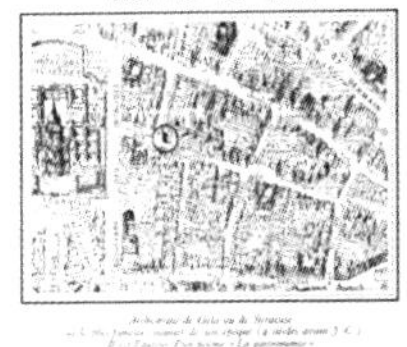


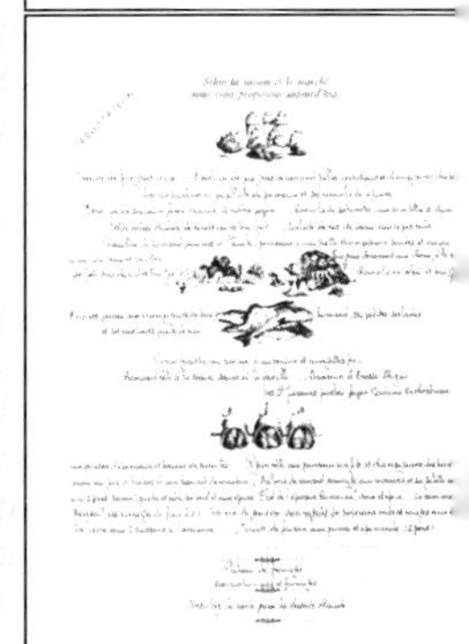

# 芝或第

**(原文寫作於1986年3月，2002年3月修改)**

留德四月，接近尾聲，兩月前訂下瑞士芝或第(Girardet)餐室的位子亦快到期。打了長途電話約好學生昂喜和他太太杜一珍，我和外子稍收拾行裝，專程乘火車去瑞士洛桑(Lausanne)。

我們訂到的是午餐的位子，就算絕早從我們居處的海德堡出發，勢難及時趕到，所以決定中途在瑞士的巴素(Basel)歇宿一宵。我們落榻在一家五星級酒店，位在車站附近，下車後步行可達，十分方便。

我們往市中心觀光。聖誕期近，歐洲較大的城市多有聖誕市場，一如我們的年宵花市，不同的是所賣的盡是民俗工藝品和小食，人山人海，很是熱鬧。可惜天一入黑攤位相繼收檔，市中商店六時亦關門，偌大的城市頓時沉寂下來。我們隨便選了一家餐室，晚餐還算不錯。

芝或第餐室

翌晨乘火車至洛桑，昂喜夫婦來接。跟著便驅車到附近的小鎮克拉西亞(Crissier)。芝域第餐室位在克拉西亞前民政廳舊址，現時餐室仍為市民聚會之所。主人兼廚師法列第(Fredy Girardet)，在法國嘗過名廚白駒氏(Bocuse)和脱高氏兄(Tregrois)的新派菜後，大受鼓舞，返瑞士後悉心研究，將個人心得用於乃父傳下來的餐室。

對烹調有特殊興趣，法列第不只樂業而且敬業，每有新創作，必多次試製，尚廣集助手們的意見，一改數改，改到大家都滿意纔推出奉客。他不喜歡固定的餐單，每天自己上市場買菜，菜式常依當日當最新鮮的作料而更換，也沒有招牌菜。雖然每日的套餐由他策劃，很多時法列第會憑一時靈感，把一道菜燒成幾種不同的風味。就是這種隨心所之的特色，他的菜式便成了歐洲的即興菜 (cusine spontanee)。

餐室佈置尋常，與法列第的名氣絕不相稱。寬敞有餘而溫暖不足，坐滿了客人仍覺冷清。

昂喜夫婦年中總來一兩次，多年來他們很少吃到同一的菜式。這次他點了生蠔作前菜，其餘由總管為我們分配套餐，使男女客人有不同的主菜。

如日中天的芝或第

生蠔是早上從法國空運而來，新鮮肥美，滑不留口。煎鴨肝恰熟帶生，鑊氣甚佳，汁液是胡桃油混酒醋，夠醒胃。炒帶子爽脆，伴碟的青蒜粒也僅熟，汁液清淡，想係加意保持帶子的原味。小龍蝦燴紅魚柳比較特別，紅魚柳帶皮，皮上撲了一層調味香料，味似魚露，經明火略烤，皮脆而魚肉仍嫩，用來做汁液的小龍蝦可惜煮過了時，未免美中不足，伴碟是煮軟芹菜。主菜方面男士用的是煎羊扒伴時蔬，火候恰到好處，女士則分用一隻燒乳鴿，當席片胸，與煮生菜同上。鴿胸肉帶血微生，嫩極，我覺得禽肉的汁液味應該濃厚一點，可能他以清淡口味為主。

雪葩有五六種，任人選擇，雪糕亦然。最特別的要算連皮磨進去的青檸雪葩，顏色鮮綠，味香而微酸，有助消化。榛子雪糕果仁味甘，奶油香濃。芝士種類多，有些還長滿了灰綠色的長絨毛，我不敢試亦食不下了。掃與的是甜品現成的整車推來，不似熱烘烘每位上的那麼吸引。

大部分客人都在用甜品時，法列第從廚房出來，逐檯與客人打招呼並聽取意見。飯罷他還帶我們入廚房參觀。適一助手正在處理當晚用的鴨肝，原來鴨肝也是從法國來，飼養方式與我們的填鴨相同，旨在催谷肝臟。一副鴨肝分大小兩半，重約兩磅左右，大的一半足有巨型芒果那麼大，顏色黃中帶粉紅，是法國菜的珍貴作料。

飯罷昂喜送我們去洛桑火車站趕回德國。在火車上不斷沉思，我們此行究竟吃了些甚麼？如此奔波是否值得？

有一件事是肯定的，黃河是到了而且心也息了。姑勿論世界飲食輿論對芝或第推崇備至，但我們所吃這頓飯不可算是完美無瑕；小龍蝦顯見失水準，以他的名氣，絕不應有這樣失誤。他的熱甜品本也膾炙人口，尤以用當地野生小草莓做的各式奶油軟糕和果撻最負盛名。但我們吃到的只是餅車上的大路貨，或許因為是期天的午餐與平日的晚餐有分別罷！真是失望。其他幾道菜的水準很高，但不足以令人念念不忘，忘不了的只是我們追星的熱忱吧了！

我們在巴黎「雅閣」吃到那一頓，實是無懈可擊，受管待愚弄又是另外一回事。其他吃過的三星餐室亦各具特色，何以見得法列第的芝或第餐室纔是世界第一？

芝或第的著名甜點：
野草莓芝士

跟食友范季融談起芝或第，他說早一陣去日內瓦開會，只得一個閒天，當然訂不到位子。他不管三七廿一，餐室一開門便和一個朋友去等，到了有人餐罷他們便補上，吃了一頓很愜意的午餐。但意猶未盡，兩人反正有些學術問題要討論，索性賴在那裏，等到晚上九時纔再就位。當日午餐和晚餐的餐單都相同，但燒出來的菜式兩餐的做法顯然有別。季融亦覺得菜是燒得很好，但比其他名廚的菜好多少，那便難以置喙了。順道有空，等一天，吃兩餐，十分划算。像我們等足兩個月，還要專程趕去，似覺不值。

從瑞士回德國後一星期，我們便返香港，追星之傻事亦告一段落。

亞洲之旅有令人
驚喜的感受。

麻婆豆

# 印尼行(一)

**(原文寫作於1986年10月，2002年3月修訂)**

自返港定居後，老同學黃景文多次鼓勵我們去遊印尼，都因時間的安排有問題，未克成行。適今年八月底外子應中文電算機學會之邀赴新加坡演講，我們便決定會散後往印尼去。

事前我們並沒有任何計劃，因為景文一力承擔只要我們到了耶加達，以後八天的節目便全由他安排了。

在新加坡四日五夜。外子白日公幹，我則跟團觀光，晚飯多是我一人獨食。人人交口稱道非試不可的大牌檔，卻沒勇氣隻身擠到熱鬧的地方去。所以吃到的，只限於幾家大酒店內的餐室的新加坡菜式。

不過，在香港比較流行的星洲炒米、炒貴刁、沙爹、海南雞飯等等，與新加坡的版本，稍有出入。差距最大的要算牛肉貴刁，竟是碗寬條牛肉河粉，上加個既鹹且甜的豉醬大餚。慣見香港式的貴刁，很難接納它的本來面目。(又怎知本來應是甚麼面目！)我十分喜歡一種叫Laksa的米粉，浸在辣辣的濃椰汁湯內，鋪滿了鮮蝦、鮮魷和魚蛋。不過在烏節路(Orchid Road)上一個大食品市場，吃到的Laksa全然不同，是清湯粗米粉淋上奇奇怪怪的粒粒、鮮椰、鮮菠蘿、辣椒、芽菜、青菜、肉類、炸乾葱頭等等，可謂不倫不類。據稱是Laksa的另一種。不敢恭維。

Laksa

一抵耶加達，景文昆仲已在機場等候，節目即時開始。

黃家祖孫三代經商印尼，是如假包換的老華僑。大陸易手時景文纔從廣州到那邊，經歷了印尼的獨立運動及後來的排華風潮，不斷刻苦奮鬥，總算冒出頭來。如今是三家大火柴廠及一家化工廠的東主。他火柴廠的生產品，佔印尼火柴市場的半數以上。由他來作嚮導，自與一般跟團遊客，不可同日而語。

他先驅車載我們遊覽市區名勝，繼到印尼獨立紀念館觀光。紀念碑高入雲霄，據稱「電源不足」，故未能乘升降機往碑頂一覽全市風貌。後來也碰到一些「電源不足」的例子，纔知道這是印尼式、遇「遊客不足」時的擋駕藉口。館內沿壁都有陳列窗櫥，一一解說印尼從古至今各項重要史實，無異上了一堂歷史課。

景文安頓我們在文華酒店，當晚由他設宴洗塵，選在耶加達最出名的夏宮酒樓（Summer Palace），是在一所建於荷蘭人統治時代的大樓頂樓，所佔面積頗廣，樓底比現代建築物高得多，故顯得特別寬敞，內部裝置全部中式，大方而清雅，由香港人投資和經營。

陪客有火柴廠的高級人員，大家談笑甚歡。菜單是粵式包翅席，尚屬合水準。最特出的要算一道蒜脯石蛙。石蛙比一般田雞個頭較大，原產於印尼，是連皮吃的。皮黑而薄，肉多質嫩，與煨好的蒜子及乳豬件同炒，賣相似蒜子炆鱔而清爽過之。個人認為這是必試的印尼菜式之一。

單尾的焗椰汁海鮮飯，用鮮椰作盅，香濃撲鼻，一盡數小碗。飯是用椰汁煮的，再加油泡好的海鮮同焗，惹味非凡。椰子是當地的經濟農作物，雖然普遍，因炮製得法兼新鮮，故遠勝香港的同一菜式。

甜品是西米蜜瓜盅。蜜瓜皮斑肉綠，削成球狀，香氣馥郁，是印尼本土的出產。西米粒則呈嫣紅色，通透似玫瑰石，紅綠相映，色近於艷。景文說印尼的西米其實叫沙穀米（Sago），來自一種大樹的樹幹。在以前運輸及生產方法未發達時，土人把粗大的樹幹斬開一截截，每截從中央橫鑽一孔，貫穿兩頭，引入一條粗麻繩，打個結便可掛在膊上，人行木滾，如此運回家中，去皮後用大鎚敲破樹幹，浸於水中，澱粉便會溢出，沉澱後曬乾成小粒再模成餅狀出售。我們聽得瞠目結舌，一向以為西米是木薯(Cassava)的澱粉粒，怎知卻另有印尼品種。景文見我們將信將疑，便說明天一早便帶我們去植物公園看個究竟。

耶加達近郊的植物公園，面積龐大，遍種熱帶植物，其中不少果樹。我們見到大樹菠蘿大似竹籮，一簇簇掛在近樹幹的枝上。紅毛丹差不多過時了，落得遍地。芒果大的小的，長的圓的，掛得滿滿。又見很多小孩在地上撿乾果，看似我們的烏欖。導遊說這種果仁很甘香，印尼人用來做餅的。他用石頭敲碎一個果核，拿出果仁給我們試嚐，質地及味道與欖仁無異。又有一種淺綠色的果，剝開皮呈現一個血紅的星狀物體，附在綠的果肉上，非常美麗，味甚酸云。行經沙穀樹林，果然樹幹大可盈抱，乃拍照留念。

後來到了景文在泗水(Surabuya)的別墅，他女兒莉莉特別為我們做了沙穀米糊作早餐。糊呈暗赤紅色，成微粒狀，是先將沙穀米浸透，方加糖同煮。食時另拌入鮮的濃椰漿，內有香葉，是鹹的。鹹甜兩混，沙穀米滑，椰汁香，風格獨特。莉莉還大包小包的送給我們帶回香港。那是後話。

中飯時分景文問我們要食中餐抑印尼餐。我們異口同聲答他：「印尼式一直落」。之後，餐餐印尼，妙趣橫生者有之，尷尬至無地自容者有之，辣到腦袋爆炸仍要死頂者有之。正所謂行千里路，勝讀十年書(食譜也)，無論在見識上及食的經驗上，此行雖短，但給我們開拓了更廣闊的飲食天地。

紅毛丹

# 印尼行(二)

(原文寫作於1988年11月)

一向自認對不同民族的飲食文化不單只沒有成見而且往往能虛懷接納，探索，繼而投入。尤其到一塊新地方，必入鄉問俗，尋根究底，結果常有意外的發現。

話雖如是，個人對飲食並非全無保留：羊肉不能食，每食喉癢難當，就算國際知名一等大廚師的炮製亦歷驗不爽；榴槤及發霉的陳年乳酪怕食，蓋香與臭僅一線之隔，成見也；含糖的食物少食，則純係健康關係。

本來這幾個小小堅持，絕不會造成太大的障礙，不過有時作客，仍難免要解釋和道歉。老同學黃景文如此盛意拳拳要介紹我們印尼的飲食，在此情景下，解釋或道歉顯見多餘而且掃興，當然從善如流。

加度加度

一個國家，其民族的構成越是多元化，人民的飲食習慣越是複雜。印尼除本土人外，印度人早於紀元前五百年便到達。到了紀元初中國人開始到印尼經商，且落籍當地。至十三世紀時亞拉伯人帶來了伊斯蘭教。後來荷蘭人在十六世紀中葉成立了東印度帝國，佔據及統治了印尼幾達三百五十年。到了一九五四年印尼方始獨立。目前印尼的主要民族有本土人，中國人，印度人及亞拉伯人。宗教包括佛教，印度教和基督教，回教則是國教。從宗教上來分，飲食上有「非豬」「非牛」的派系。

我們離開布哥(Bogor)的植物公園，轉南下萬隆(Bandung)去參觀景文的火柴廠。沿途經過很多小鎮，上山下坡，到了一個荷治時代的避暑區。雖然荷蘭人早已撤走，但遺留下來的別墅，各具特色，可見當年此區域的氣派。矗立在半山有一所荷蘭人開設的酒店舊址，以前本土人不能問津，現時改成人人可光顧的飯店，供應地道爪哇菜式。我們選了近窗一角，矚目遠眺，山下景緻一覽無遺。

景文提議大家用自助餐，可以試多幾種不同口味的菜餚。印尼的自助餐，其實脱胎於荷治時代風行的「飯宴」(Rijstaffel, Rice Table)，顧名思義，是一桌飯菜。這家的當然亦以白米飯為中心，環繞著有五光十色、五味俱全的醬料。烤爐上排著沙爹，肉香遠播，可惜獨沾一味羊肉，其他欠奉，只好道歉了。幸好還有炸雞、燜鴨、各式咖喱食品(自然又以羊肉為主)、炒飯炒麵等。甜酸魚是中式，生菜沙律則純西式。熟菜沙律是個大集會叫加度加度(gado gado)，是很多種一滾即熟的蔬菜，分別排在一個大盤上。又有一塊塊的油炸硬豆腐和熟蛋；乏善可陳。但拌菜的汁液比較複雜，集合了花生醬的甘香，紅椒的辣，亞參水(tamarind water，見註)的酸。加上濃椰汁、蝦膏和蒜茸，混和成醬，與全不調味的熟菜拌在一起，別有風味。

豆餅

整桌食物中，最陌生的要算炸豆餅，是發過酵的熟大豆，壓成磚狀，切片後在有鹽的亞參水內一浸，瀝乾了方炸至金黃。食味外皮香脆，大豆質感似我們的甘草豆而微帶麵豉味。後來在世姪女莉莉為我們準備的早餐桌上，亦有同樣的豆餅，想係印尼人日常食品之一。

餐後的咖啡特別香濃，飲後口腔內留下一片醇滑的感覺，外子讚不絕口。景文戲説那還不算好，最精品的是「果狸撅」只有印尼人方懂得細享其中真味。據云果狸在咖啡園中偷食成熟的咖啡豆，但不能消化，整粒跟着糞便排出體外，土人撿拾果狸糞，揀出咖啡豆洗淨，焙乾，炒香，磨碎後煮成的咖啡，有特異的香味。我們覺得經由果狸的消化系統再製造的生產方式，是荒謬了點，讀者姑且聽之。

景文有意捉狹，每逢旅途中無聊時他便來一句：「怎樣，帶幾包回去嘆嘆如何？」我們明知是戲弄，仍要連連敬謝不敏。

入黑後抵萬隆。火柴廠的高級職員及太太們已在酒店等候帶我們去嘗試地道中爪哇菜。辦好入住手續忽然傾盤大雨，雷電交作，我們分批乘車，在風雨交加之下，終於抵達一個部落式的小村。只見無數張燈結彩的竹棚，連在一起，每一個竹棚，代表一個飯廳。天氣雖然惡劣，但已座無虛席。我們冒雨挨著一個個竹棚走，淋得通身濕透方找到位子。

萬隆地勢較椰加達高，氣候溫涼，加上一陣無情雨，薄薄一件長袖衣服本已不夠，何況還是濕透了的。坐下來打了幾個寒噤，身體一直在發抖，只渴望有一杯熱茶，或者一碗熱騰騰的白飯。

菜是由男士們點的，大概飯店客多，久久未上桌。此時一望，原來竹棚離地建起，只有上蓋而四週沒有牆壁。若是天晴，當然通風涼爽，但天雨衣單，很不好受。竹棚中央有個面積約一丈見方的台，高約一尺，土人席地而坐。食物通通放在地上，人人用手抓食，旁若無人。我們不坐地，選了台邊的一張長桌，景文昆仲和我們各據一頭，遙遙相對。人聲夾雜著雨聲，交談非常不便。

茶先來，是冷的。飯來了，一點熱氣也沒有。湯也來了，黃黃綠綠，賣相殊不吸引。試一小口，酸中帶苦，味極怪。只見太太們捧著碗，喝光了湯，然後從碗中挑出一粒粒的豆，先去軟皮，後剝硬殼，再吃豆肉，津津有味。我如法剝豆來吃，豆的澱粉質很重，嚼之覺韌，而味甘中帶苦，這是繼豆餅後另一陌生的味覺經驗。聽太太們說這種苦豆肉可以鎚扁成片，放在滾油內炸脆。後來在很多「飯桌」上都發現這種苦豆脆片，與蝦片平起平坐。

雨傾瀉而下，隨風飄入竹棚，寒氣陣陣進迫。明明見到桌上擺滿了飯菜，我仍禁不住要求一碗熱的白飯。報稱熱的飯，只一味炒飯而已。幸而炒飯很快便來，風捲殘雲般塞得肚子又飽又暖。人神定了，方始留意桌上其他食物。景文早便說過此地的名菜為烤紅鯉魚及燒雞。這家飯館用的雞個子小若白鴿，看來是土法走地飼養。炸雞塊呈棕黑色，骨很硬，肉質結，但一點不韌，皮薄香脆，味道甜中帶橘子味，非常可口，聽說是用土產的小酸柑汁 (Lime juice) 和甜豉油加香料醃過，加椰汁煮至半熟方始烤香。這是我所知的雞譜中，製法很不尋常的一個。在以後多天的旅程中，很可惜再沒機緣遇上這款菜式，頗為悵惘。

紅鯉魚是當地的土產淡水魚，樣子一點不似中國鯉魚。經燒烤後紅皮變棕，沒有任何調味，但有辣醬同上。肉質幼嫩呈半透明狀，火候恰好，味鮮美，足可與香港的青衣比美，果是名菜。

吃這一頓飯，自始至終都感到有壓力。天氣因素造成的意外不算數，不過從中我們領略到抓食與冷飯的關係。口味不同，那是可以預期的，至少還有選擇之餘地，但進食方法的差異太大，我們問俗有心卻難以跟隨。在香港七、八年了，仍未能習慣與人共食時不用公筷，如此用手抓食，亟需勇氣。眼見人人用四個手指，把飯和菜連同汁液，捏呀捏的，捏成小團後送進（其實是塞進）口中，自然得很，如飯是熱的，這種食法便有問題了。飯罷數人同用一小碗水洗那油兮兮的手，亦毫無慍色，而我們卻期期以為不可，諸多畏縮。就是這麼一點點執著，無意中辜負了主人家多少美意。

註：Tamarind中文名亞參，是一種酸性的果實。有時亞參果用來與香料搗碎在一起，有時在水中浸軟，壓碎後過濾成亞參水，目的在取其酸味。

亞參果

# 印尼行(三)

**(原文寫作於1987年1月，2002年3月修訂)**

經過一夜的狂風暴雨，天氣放晴，我們一早便去萬隆參觀老友黃景文的火柴廠。他一共有三個工廠，分設在椰加達、萬隆及泗水三處，其中以萬隆一廠最為現代化。從伐木到火柴枝上藥，都由瑞典出產的新型機器自動處理，但入盒及包裝，景文堅持用人工，既可免使數千工人面臨失業危機，更能帶給工廠一股向印尼政府交涉的力量。

為了遊覽印尼最古的布魯布都(Borobudur)佛塔，我們要從萬隆開車折回椰加達乘內陸航機去日惹(Jogya)。一路趕程，到了機場的自助餐廳方進午膳。我午餐吃得輕，只要了一大角釀豆腐和咖啡。外子要咖喱雞，但景文極力推薦一砵辣醬臭豆燴雞雜。

臭豆

這兩天已吃過發酵的豆、苦豆，如今又來一味臭豆，不知印尼還有甚麼離奇的豆？只見鮮紅的辣椒汁內，雜著一粒粒翠綠色的豆子，誘人食慾，一試，汁液奇辣，帶很濃的蒜和蝦醬味。雞雜煮得老，但那臭豆，咬下去韌韌的，說它臭也不盡臭，不臭嗎？又顯然有一種不容易接受的異味，無論在質感或味道上，都很獨特，難以比喻。後來從印尼返港，在候機室裏，鄰座是位印尼籍的香港居民，手攜的正是一大袋帶殼的臭豆，似毛豆般。她告訴我嗜臭豆的人，認係天下美味，與上海人之嗜臭豆腐，同出一轍。

咖喱雞勝在香濃，最宜下飯。釀豆腐角屬巨型，豆腐是硬身的，中釀魚肉，炸香，與生指天椒同上，景文咬一口豆腐，再咬一隻指天椒，若無其事，神勇得很，我卻無此膽識，只能淨吃豆腐。

到達日惹，我們先到市內的小佛塔觀光一下方投宿。是夜在酒店看了一場印尼古典舞蹈Ramayana，邊吃邊看，吃的是西餐，想係遷就遊客之故。

本來我們打算遊完佛塔乘飛機去泗水 (Surabaya) 但機票出了問題，景文於是電召司機星夜從泗水趕來日惹，之後我們便捨空就陸了。

我們乘車去布魯布都，轉乘小馬車去看佛塔。以前馬車可直抵佛塔下，現在則要步行一大段路。這座佛塔有一千多年歷史，曾遭毀壞，近年方修葺完竣，每日游客如過江之鯽，似乎是一塊非到不可之聖地。佛塔約有十層，沿著特別高的石級往上爬，很是吃力，下塔時更覺費勁，非扶著鐵欄不可，使人想起爬長城的景況。我們都累了，便到塔下的小茶亭休息。

佛塔

景文介紹大家用爛椰汁，據説這種椰子，每棵樹只長一個，特點是椰肉鬆浮，一刮即脱，故有爛椰之名。椰肉遠較嫩椰香濃，汁亦較甜。印尼土人將椰汁倒出，刮出所有椰肉，拌勻汁肉加糖，再加碎冰便是一式飲品。我不加糖，更能嘗出爛椰之真味。

本來從日惹去泗水，不必經三寶壟，但景文認為既然開車了，多花三數小時，可多遊一塊地方，況且三寶太監鄭和七下南洋時在印尼的遺跡，實該見識一下。三寶壟有很多華僑，聚居市中一角。三寶洞離市區不遠，是個遊客區，每逢節日，印尼華僑都從各地來此膜拜。最近華僑捐款重修，漆得大紅大綠，古意全失。洞中有個鄭和的衣冠塚，供奉鄭和用過的船錨，就此而已，殊感失望。

遊罷三寶洞，已近黃昏。景文記得在三寶壟有家關帝廟，廟旁有很多售賣印尼式中菜的小檔，要帶我們去試。可惜司機不熟路，問土人亦不得要領，卒於無意中見有神廟一座，便折往廟後，果然見有很多檔口，掛滿了食物，陣陣燒沙爹的香味，順風送來，更覺饑餓。景文帶我們到一雜貨店兼賣飯菜的小店（印尼人稱之為Warung Nasi），一問原來此廟並非關帝廟，但眾人腹如雷鳴，既來之則安之，就此坐下叫菜。

菜牌貼在牆上，沒有多少選擇，真可怕，沙爹只有羊肉的。為求穩健，我選了咖喱雞。他們除了點沙爹外，還每人要了一碗黑牛肉湯。我的咖喱雞賣相奇劣，水汪汪，黃中帶青，瘦骨嶙峋肉薄，看了已覺不開胃，但絕不敢嫌便把雞汁澆到飯面，大口大口吞下去。殊不知其貌不揚，貧貧削削的咖喱汁，居然功力威猛無比，吃了像吞入一大團火，赤熱地從口腔滾下，辣到我眼水直流，大跳大叫，連盡兩大杯水仍不濟事。查問之下原來此地之咖喱做法與別不同，汁液用的湯底，是加進指天椒同煎，故能不露於形色而辣在其中。

結果與外子對調，我要了他的黑牛肉湯（Rawon），也算是此地的名菜。湯色深棕，是先在湯內煮軟牛肉切粒，要用薑、葱、蒜、香茅、香葉，再加主要香料叫Kluwek（是一種棕色的扁身硬殼果，果仁呈棕黑色，搗碎後方能用）同爆香，再倒入原湯稍煮便成。湯味鮮香且濃而毫不帶辣，用來「泡」飯，一絕也。我帶了一些果仁回來如法炮製也算不錯，但不知在香港何處有售。

飯後繼續行程，不及十分鐘又見一座神廟赫然在前，香火鼎盛，遊人擠擁，似賀神誕。果然是間關帝廟，廟旁有多個中菜檔，食客如雲，見一桌華僑大嘆其豉椒炒蟹，香味四溢，惹得我們垂涎欲滴。奈何找錯了廟，只好羨人口福了。我們蹓躂了一會，看了一齣神功木偶戲便又匆匆上路了。

# 印尼行(四)

**(原文寫作於1987年2月,2002年3月修訂)**

抵泗水時已近午夜,老同學黃景文安頓我們在凱悅酒店,約好明天會面。

景文學的是化學工程,除製火柴外,他在泗水還有一間潔淨劑製造廠,算是他的本行,當地的市場泰半由他操縱。我們自然去參觀一番。

中飯時景文帶我們去吃中爪哇菜。這是一家最地道不過的館子,佈置十分簡陋。一進門右邊就是擺食物的窗櫥,所有菜式,一目了然。菜是在餐廳後的廚房燒好,盛在搪瓷「臉盤」內,拿出來一盤盤放在當眼處,然後分成小碟。客人一到,坐下來不必點菜,自有伙計將全部菜式擺在桌上,任君選擇,吃一碟計一碟,不吃的,留給下一檯。如此吃法比香港的大牌檔還要大眾化,當然用手抓食或用叉,悉隨尊便。

一般旅客絕對找不上這種館子,只有本地人纔懂門路。就算有人指引,但滿檯食物, 眼花撩亂,也要經介紹方有好的選擇,否則很容易錯吃飽了。炸雞平平無足道。咖喱菜式有水準,椰汁夠濃,夠香,更夠辣。一味咖喱牛尾浮著紅油,似灑上了匈牙利的甜椒粉(paprika)一般,牛尾燒得軟滑,是很腴厚的湯菜。男士們人盡一大碗,我則對椰汁雞最感興趣。印尼的雞多半是土法飼養的「走地雞」,樣子實在不敢恭維,腳很高,瘦瘦的,但勝在脂肪少，肉質結而味鮮美，用濃椰汁來煮，加上一些香草，汁液呈淺綠色，一點不辣。我連吃兩碟方去試其他的菜。自問飲食習慣不太好，喜歡的多吃，不喜歡的，沾唇即止，若要試遍桌上十多廿種菜，那能吃得消。

印尼人比較嗜內臟，似全然不關心有膽固醇這回事。舉凡牛雜、羊雜、牛腦、羊腦，炸的，燜的，洋洋大觀，更少不了用臭豆燴的雞雜。印尼烹飪沒有「炒」這道工序，蔬菜也是煮「腍」便算。桌上這麼多菜式，只得一味蔬菜。研究之下才知道是柚子葉炆白豆角及椰菜，黃黃熟熟，相當古怪。若要我用文字去形容其食味，實難找到恰當的字眼。

午飯後照原定計劃去景文的別墅過夜。別墅離泗水城約半小時的路程，在半山的一個小鎮上。小鎮是個避暑區，有好幾家高級渡假酒店，但本地人仍集居小村內，住印尼式房子，做些小生意。

印尼人多信奉回教。祭司每日三次，用播音器呼召教徒膜拜真神。如非有特別原因，教徒聞聲必向「西」下跪遙拜麥加聖地無誤。傍晚時分，聽到祭司的播音。不久鼓樂之聲大作，從播音器陣陣傳來。我們好奇，下山去看個究竟，見村裏一家門口搭了個棚，棚內有一隊印尼傳統樂隊，正在奏著旋律異常單調的古典樂曲。屋子中門大開，內面坐滿人，屋旁兩邊擺了很多飯桌，人人大飲大食。主人見有生客，立刻過來招呼我們入座；景文連忙道謝婉辭。原來這家人在做喜事，照印尼風俗，主人例必招待任何過客，一如台灣之吃「拜拜」焉。

村中有好幾家兼營飯菜生意的洋雜店（Warung Nasi），景文帶我們去一家相熟的，店主是個中國太太，很斯文，她賣的是印尼式福建菜。菜牌也是掛在牆上，菜式比上一晚在三寶壟廟後那一家較多，居然有味紅糟炒田雞。田雞是土產，骨多肉少但很鮮甜，與紅糟格格不相入。我選的雞蛋煎豆腐是地道印尼中菜，硬豆腐蘸蛋液煎香，上加個蝦醬芡。我嫌蝦醬太甜，用茶洗淨加辣椒醬同吃。

整夜音樂喧天，擾人清夢。待得樂停，祭司叫人晨拜之聲又起矣。好一個渡假的晚上！

早餐我們吃煎發酵豆餅，鹹椰漿拌甜沙穀米，很印尼化，由世姪女莉莉親手炮製。跟著我們游泳。池水剛新放，水源來自山上小溪，清冽刺骨，雖然烈日當空，仍擋不住攻心寒氣。泳池旁有楊桃樹一株，果實比星洲的要小成倍，肉爽甜，足可媲美廣州花地甜楊桃。

泳罷上路。從別墅至泗水機場中途，景文繞道去一家華僑開的菜館，那裏兼營水果批發生意。這家賣的全是揀手貨，價錢比人貴得多，人人仍樂於光顧。景文從一籮籮的芒果挑選了十來個，每個重逾一磅，是泗水特產，皮色深墨綠，看似很硬。景文説只要皮色夠深便是熟了，華僑稱之為黑芒，八月剛是季節。我們一直手提芒果到峇里(Bali)去。

峇里島位於印尼東部，島北沿岸多峭壁，島南則沙灘幼滑，波平如鏡，加以氣候宜人，是世界數一數二的旅遊勝地。不過簽證手續頗為麻煩。港人持CI者，進出很不方便。我們抵達後先租車繞往島之極西角看馬騮山，途中見土人在一廣場上舉行火葬，空氣微帶焦味，心中頓覺怪怪的。之後我們回到丹巴沙(Denpasar)市西的酒店區，下榻於峇里太陽酒店(Bali sol Hotel)。

峇里一景

峇里土人不信回教而信佛教，神廟處處皆是。佛教徒忌食牛，豬肉食製很普遍。我們每晚露天食自助餐看峇里舞蹈，別具情調。自助餐一定有燒乳豬，是峇里的名菜。乳豬重約十磅左右，肚子灌滿了香草及調味料，縫好原隻明火燒熟，斬成小塊置盤中任人取食。乳豬皮不太脆，但肉瘦嫩鮮美，最特別的還是從肚子倒出來的原汁，淋在肉上更見香濃。

我們在峇里比較優悠，不用趕路，坐坐沙灘吸海風，心無雜念，所有煩惱付諸九天之外。我們早上游泳，日中觀光，晚飯看罷舞便和景文昆仲玩橋牌，確是名副其實的渡假。帶來的黑芒名不虛傳，肉色淺黃，質幼無根，香滑清甜，近皮處帶仁稔味，故有人稱之為仁稔芒。我吃了四五個，意猶未足。

回到香港見中環源昌有印尼芒，是另外一種，皮綠中帶黃，甜而不清，仁稔味薄。最近朋友從峇里帶回芒果送我，形似泰國象牙芒而肉色深黃，香味過濃，兩者俱無黑芒之清香嫩滑。

在峇里三日兩夜便飛回耶加達。當晚景文火柴廠的同事為我們送行，選了市中的沙爹屋 (Satay House)。這裏的沙爹種類繁多，豬、牛、羊、雞、魚、蝦、魷魚、各類肝臟等等，也供應其他印尼菜。除沙爹外，我們還要了用蕉葉包著的烤魚。早一陣在景文家中吃過用蕉葉包的烤魚餅，魚肉爽韌，微帶鳳眼果葉味，蘸上沙爹汁來吃，如同食炸大良鯪魚球蘸蜆蚧醬般。又曾在火山區嘗過蒸的蕉葉包豆醬魚，覺得蕉葉和麵豉醬是個離奇的配搭，蕉葉之為用想係封住原味而已。我們的烤魚上桌時，已除去蕉葉，魚是鯧魚，略嫌乾些。

景文推薦一味椰汁會粽子 (longrong cap go meh)。他說這個菜有段古，在五〇年代印尼獨立後，青年人流行一窩蜂上街會面傾談 (並非如今日之學生上街遊行)，興奮之餘，聯群結隊回家。做父母的常備有一大鍋椰汁和粽子，隨時招待來訪的後輩。粽子是粘米做的，用蕉葉裹緊紮成條狀，切成一片片。淋面的椰汁其實是個大集會，有雞、蝦、芹菜，熟蛋和炸脆的蝦鬆，味微辣，可惜粽子太結實，吸不了如此香噴噴的椰汁，若換了白飯則妙極了。總計在印尼一共九天，吃到的與我們平日的口味很不同，新奇有趣，故姑為之記。

# 再訪印尼

**（原文寫作於1989年9月，2002年3月修訂））**

最近再去印尼一次參加老同學黃景文千金玉蓮的婚禮。外子因要在港主持一個國際性的散離計算學研討會，不能同行。幸而被邀的親友人數過百，香港團一眾近四十人，單身出門，也不覺太孤獨。

九月九日從香港出發，同日經椰加達轉泗水(Surabaya)。十一日纔是大喜的日子，早幾天前親友從新加坡、馬來亞、中國大陸、香港及加拿大陸續抵達。除至親外，賓客全部被安頓在泗水凱悅酒店。最遲到的是商務上的往來客戶，分別從澳洲、日本、瑞典及台灣到達泗水，很是熱鬧。

新郎黃興榮，是紐約大學商學碩士，在泗水主理他家族的印刷廠，父親黃衍開是棉蘭市的銀行界鉅子。而景文是印尼的火柴大王，兼營洗潔精及肥皂工業，今年更開拓外銷市場，出口木筷子到日本。工廠是新建的，在月前方投入生產。以乾坤兩宅在印尼的社會地位，婚禮的盛大情況自不待言，而主人的拳拳盛意，更是難能可貴。賓客在泗水三天，節目安排妥善，唯恐招待不週，主人還特意委托旅遊社負責所有接送及觀光。

正日有一連串的儀式，包括乾宅的福建接新娘舊例；香港式的開門利是討價還價；新娘是天主教徒，也得在禮堂行禮；晚上的酒會則依印尼習俗。新娘要從早便披上婚紗，一直到酒會完畢，不換衣服。兩位新人挺直的站立數小時，在強烈的攝影燈光下，不住微笑與千多個賓客握手。結婚雖是人生大喜事，為了隨俗，也得辛苦一番了。

## 火焰醉翁蝦

遊覽泗水的兩天，都在著名的海鮮餐室午膳。第一天在Fina，是專做遊客生意的華人餐室。除了紅燒三板魚是當地的特色，此外乏善可陳。第三天的午膳在Aloha，用的是特定海鮮自助餐，仍是中式。最令人矚目的是一味火焰醉翁蝦。幾十隻生跳跳的老虎蝦（tiger prawns），殼作青色，有明顯的節，足足有五六寸長，盛在大玻璃盆內，侍者把烈酒淋下，蓋過蝦面，便引火燃燒，邊燒邊用隻兩大匙翻動，直至蝦殼全部變赤紅便是熟了。燒的過程約十來分鐘，吸引所有賓客，恰似一項表演節目。

印尼農民除耕種外，亦飼養魚蝦。三板魚和老虎蝦便是其中的表表者。是日的醉翁老虎蝦，肉質爽脆，味道鮮美，食時可隨意蘸用幾種不同的辣椒汁或醬（sambals）。有一種用米粒般大小的指天椒與生抽及紅葱調製的汁，味道尤其火辣。軟炸魚塊用的是三板魚，非常嫩滑，蘸上辣汁比酸甜汁更要刺激。

## 紅色魚翅湯

自助餐菜式不多。十分奇怪，很多道菜都是紅色。如炒鮮魷便是，連炒飯也是紅色的。據久居印尼的華僑說，紅色來自土產的茄汁，此舶來茄汁紅得較暗，也較甜。最有趣的是，幾次酒席上的魚翅湯也與炒飯一般紅色。請教曾居印尼多年，香港美心的黃強先生，亦不明其所以然。

## 峇里乳豬

上次遊印尼，由景文親自導遊，吃到很多非常地道的印尼食品，印像殊深。以為這次一定可以嘗到更多新味。可惜行程雖由景文親自安排，但客人跟了團，被「趕鴨仔」不用說了，一飲一食亦受支配。導遊亞黃說，為遷就香港人不吃辣的口味，所以每日午、晚兩餐均是中菜，令我大失所望。椰城以外的華人餐室，菜式介乎福建與客家之間，只可果腹而無特出之處。在峇里島試過中式炒蟹，肉軟削而欠鮮味，龍蝦則因印尼海水溫度較高的關係，肉質不夠結實。盛產的小龍蝦，食味和咬勁遠遜老虎蝦。只有峇里島著名的小燒豬，皮脆、肉嫩、汁多，帶濃厚的香草味，仍值得大力推薦。

## 生炒鮮江瑤柱

由峇里島去日惹，最後回椰加達，景文及他親家黃先生來接機。當晚由黃先生作東道，席設「夏宮」，是椰城最著名的港式高檔酒家。經理韋先生特別介紹一道生炒印尼江瑤柱。說起來，很多人都誤會帶子即是瑤柱，其實瑤柱是一種大貝江瑤的肉柱，主貝殼的開合，成圓柱狀，味道非常鮮美，質地比帶子結密得多，咬口爽脆。可惜廚子下了手腳，不然便可品嘗新鮮江瑤柱的真味。

第二晚景文回請，選了新開張不久的「王朝」(Dynasty)，是東南亞最具規模的夜總會，可容五千餘人。正值瀋陽雜技團在此獻藝，晚晚爆滿，可見印尼華人消費能力之高。菜式係大路貨，在所難免。

## 印尼新菜

留印尼一共十天，沒有機會深入鄉間探索正宗的印尼菜，卻發現了一支突起的異軍——印尼新菜（Nouvelle Indonisian Cusine）。

印尼是個古國，但發展緩慢，很多地區的居民仍過著落後的生活，貧富非常懸殊，普通人的飲食習慣頗為原始。傳統的印尼菜，其實就是鄉下菜，遇喜慶節日，一早便準備好一盤盤汁液淋漓的菜，人人往盤中取食。雖然印尼土產作料豐富多樣，香辛料又是世界馳名，食品有它獨特的風味，但礙於用手取食的方法不文明，難與世界其他美食並駕齊驅。荷蘭人佔據印尼五百年，已把印尼的鄉村食製改成自助式的「飯席」(rijstaafel)，仍嫌不夠大體。

現任外交部長Mochtar Kusuma-Atmadja博士，有感招待國際使節時用「飯席」方式實欠隆重，極力鼓勵椰加達希爾頓酒店的主廚，進行一項嘗試，以印尼土產作料為本，用法國新菜的烹調方法及食物上碟之藝術性安排，把印尼傳統菜式演繹成一種面目全新的食制，使食者能在高雅的環境下，優悠地享受逐道上席的精緻印尼菜。

印尼新菜：菠蘿汁魚柳

經過兩年多的研究，資料搜集及試菜，印尼新菜終於面世，而第一本印尼新菜食譜亦最近出版，由希爾頓主廚Detlef Skrobanek及美國時代雜誌兩位編輯合著。內容豐富，彩圖精美。每一個食譜都詳列上碟方法，是一個富創新性的大膽嘗試。全書五百多個食譜，無一是印尼傳統菜，例如燒爪哇牛柳，無非是沙爹牛肉的化身，醃料用豆蔻、芫荽末、香茅及鹽，醃好後成條烤香切件上碟，碟底放上用甜豉油、花生及臘燭仁 (candle nut) 做的沙爹汁，以青木瓜及紅蘿蔔伴碟。很明顯，新菜味道接近傳統而賣相則煥然一新。

其他菜式都以清淡為主，一洗傳統菜煎炸之油膩。目前印尼新菜只在高級讌會或高消費場所供應。對象多為外國遊客。至於新菜能否打破傳統，普遍為印尼人所接納，尚得假以時日。

後記：黃玉蓮夫婦的共同事業大有發展，利用印尼的木材，除了做火柴枝，尚為日本客户製造高等用完即棄的木筷。剩餘的木材，則用作傢具的原料，而且在番禺設廠，生意蓬勃。玉蓮守住印尼的各項生意，其夫婿黃興榮則僕僕往來於中國大陸。豈料好景不常，多年前當興榮駕駛其自用車，在番禺附近巡視業務，被對面高速行駛的另一部汽車迎面撞過來，興榮即時身亡。橫禍飛來，景文一家哀慟異常，而我們亦為之惋惜不已。

故事聽來似是中國大陸經常發生的事，不論今日經濟如何高度發展，但中國對安全駕駛亦未大力推行並加以管制。哀哉！

# 川味小吃

**（原文寫作於1992年8月，2001年9月修改）**

中國京、粵、川、揚四大菜系中，我對四川菜的接觸面最狹，雖然時常閱讀食譜和飲食雜誌，但品嘗的經驗極其有限，而且完全是從四川以外得來。坦白說一句，我真的不懂正宗的四川菜。

怪味雞

當我們家在金山灣區時，四川菜十分流行。已故名畫家張大千返台後，他的廚子星散；陳建民去了東京開店，生意興隆，並且設館授徒，在日本光大發揚了四川菜。另外一個廚子則留在加省的旅游區聖地告魯士（Santa Cruz）開了間小飯館，知名度雖不高，但吸引了不少台灣客，還收徒弟和教四川菜。學生中有一位工程師，來自台灣，學了菜便立刻辭去職務，在沙拉吐加鎮（Saratoga）開個店，而且每日午市後在店內教授四川菜，台灣太太都趨之若鶩。我也隨著我的台灣學生去聽過一堂課，只覺無大啟示，不如自學。

那時的華人圈子，吃四川菜是個時尚。一般的菜式不外乎麻婆豆腐、大千雞、辣子雞丁、官保雞丁、芙蓉雞片、棒棒雞、怪味雞、樟茶鴨、香酥鴨、粉蒸肉、和很多不同作料的香菜和豆瓣菜，還有不可或缺的擔擔麵和紅油抄手。及第一家中資的「榮樂園」（Sichuan Palace）在紐約聯合國大廈附近開設，廚子和調料都來自四川，菜式當然也十分地道，正宗的四川菜方始帶進美國。當時操紐約食壇生殺之權的食評家美美喜來登（Mimi Sheraton），因為把川菜當是京菜，低貶而且誤評了「榮樂園」，引起同行月旦。結果美美一連吃足了兩個月川菜，觀感大改，再評「榮樂園」時纔能言中有物，挽回了她的聲譽。

七九年在上海錦江飯店住了六個星期，吃到了十分可口的川菜。回港定居後，先後吃過來港表演、哄動一時的上海錦江飯店川菜，及美心集團與中國大陸各菜系交流技術的四川菜 ，和半年前在京華酒店吃到北京「四川飯店」廚子燒的川菜。加上在紐約「榮樂園」吃過的，似乎我對地道四川菜的經驗僅止於此，其他改良了去遷就香港人口味的，在台灣、東京和加省吃到的川菜，均不算數。多年來一直想親訪成都去實地體驗。

最近把早已用英文寫好的「中國點心」手稿中譯，選出的四川小吃並不太多，都是依著中國的食譜照做，但無法知道是否做對了，又味道是否正宗？去成都之意更決。

為了觀光，大可跟團。若為了品嘗飲食，不能不自己籌劃了。但膽子日小，年復一年，幾次無法成行。今夏外子退休，我們若再不去，一回到美國後更懶動了。剛好中大理學院和工學院組織了一行九人往成都和昆明的訪問團，外子也有份參與，我幾經考慮，「毅然」隨行。這是我患上敏感性哮喘病後，第一次到「味精地區」旅行，心情十分緊張，除了帶齊應急藥物之外，還帶了幾筒梳打餅，以備果腹。

成都甫下機，剛從中大研究完畢回川的周教授來接，車子行經市中心區處，便見到櫛比鱗次的小吃店，都是耳熟能詳，十分有名的老字號，諸如鍾水餃、龍抄手、賴湯丸、張鴨子、譚豆花等等。有些店名不用廚師的姓氏，賣甚麼便叫甚麼，諸如珍珠丸子、涼粉、豆花、樟茶鴨子等等，驟眼看來，成都簡直是一個小吃之都。

周教授說去某一家吃某一樣小吃，固然饒有地方風味，但我們不會有足夠的時間去逐一品嘗，而且這些老店子，衛生條件甚差，怕我們吃不慣。按成都的飲食習俗，小吃是隨著菜餚上桌的，他認為去幾家向外開放的大酒家，每家吃一頓飯，包保一星期下來，成都的名吃我們會吃得差不多了。他首先帶我們去「龍抄手餐廳」。

龍抄手餐廳

飯店樓下是大堂，設備簡陋，但不算髒，坐滿了本地人，嘈吵得很，小吃套餐每位收二元(人民幣)。樓上是貴賓廳，可稱得上雅潔，收費是大堂的三倍，不過大家決定還是上樓去。

九式涼菜

這是我們的第一頓飯，有九式涼菜：夫妻肺片、糖醋雞腳、橘汁肉塊、五香肫片、陳皮牛肉、涼拌乾絲、蒜味芹菜、火腿毛豆、涼拌黃瓜。熱菜有：芙蓉雞湯、樟茶鴨片、紅燒江團、三鮮海參、鍋巴豆腐、肉絲炒紅甜椒、乾煸茭白。十二樣小吃計開：龍抄手、鍾水餃、澄麵餃、涼粉條、蜂糕、紅豆小粽、擔擔麵、杏仁涼粉、紅苕餅、玉米餅、鴛鴦烘糕、豆沙小卷。

鍋巴豆腐

首次接觸，自然覺得樣樣新鮮有趣，是否已達傳說的「一菜一格，百菜百味」的川菜至高境界，實難從一間以小食為本的大酒家去判斷。四川無海產，只有養殖魚鮮，就算郭沫若生前推崇備至的江團，鮮度仍嫌不足。三鮮海參的三鮮都不鮮，海參是斜切成片，頗硬，芡寬而鹹，下足了味精提味。芙蓉雞片過了火，湯水也是靠着味精去支持大局。樟茶鴨子賣相及食味俱佳，不愧為名菜，但為了保持傳統的紅色皮肉，用了相當多的硝鹽去醃製。後來在多次的宴會中，發覺很多冷滷肉，尤其牛肉，含硝頗重。

紅燒江團

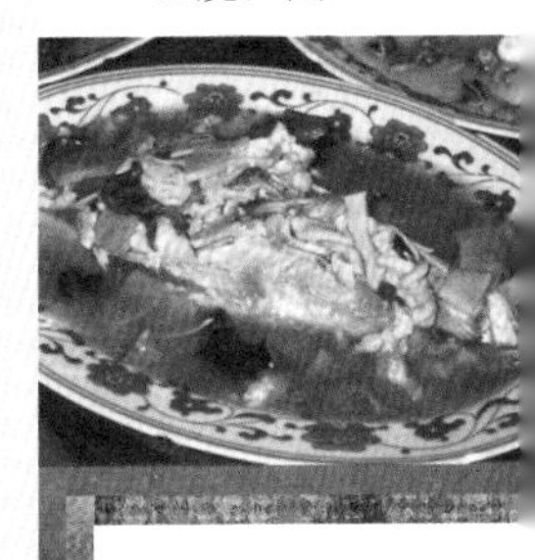

鍋巴豆腐雖是粗菜，卻是做得最好的一道 。豆腐塊炸香，加個酸辣芡，熱呼呼的淋在炸脆的鍋巴上，醋香撲鼻。幾個素炒都十分新鮮爽脆，惜用油太多。涼菜除夫妻肺片最具特色外，其他平平無奇。

小吃穿插在熱菜中間，以小碟或小碗每位上。「龍抄手餐廳」的「龍抄手」，顯然是招牌菜，照理應該精采萬分。但很失望，竟然乏善可陳 。吃到這般的四川名雲吞，皮軟爛、餡散、湯淡，且煮過了頭。鍾水餃的肉餡子打進了花椒水，反而突出了麻味，澆面的甜味調料，用多種香料及醬油和紅糖熬製而成，再加上極辣的紅油，一隻平平無奇的水餃便成了口味錯綜複雜的美食。澄麵餃不是四川廚子的專長，甚為差勁。涼粉非常嫩滑，調料也辣得可以。賴湯丸的皮不夠軟糯，餡子含太多豬油，遠遜寧波湯丸。蜂糕等於廣東的白糖糕，是米做的，很單調。紅豆粽子小得像個端午香包，原粒紅豆和糯米用嫩竹葉包住。擔擔麵果然名不虛傳，麻、辣、燙三者俱全。杏仁涼粉是甜的，作料是豌豆粉。鴛鴦烘餅其實是一塊煎班戟，甜、鹹兩種餡子各放在一邊，覆起來像塊夾餅就是了。豆沙小卷是糯米皮卷著黑芝麻餡子，極其油膩。紅苕餅即是番薯茸餅，是炸的，而玉米餅則是煎的。

算起來不多不少，總也有近三十款肴點，在這麼短促的進餐時間內，全部上齊，雖說近乎一網打盡，實則強人囫圇吞棗而已。小吃是每位上的，川流不息，一道未完，第二道又來，服務員不管三七廿一，上一樣、撤一樣，人人只能淺嘗便止，上來的是甚麼，還未聽清楚已被第二個服務員拿走，想拍個照也來不及。

陳麻婆豆腐餐廳

馬虎上席的麻婆豆腐

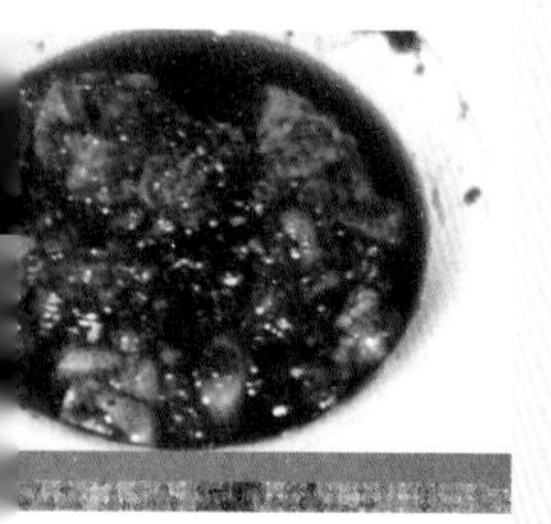

大體來說，這頓飯的水準遠在我所想像之下。多方打聽去那裏纔可以吃到軍閥時代，名震成都的姑姑筵，無人能答，很多也說從未聽過有這麼的一家飯店。後來經中國科學院四川分院的外事辦揚先生訪查，始知以前的姑姑筵(絕對不是創始人，做過遜清知縣、黃敬臨的太太，女兒和妹妹主廚，一日只賣兩席的姑姑筵)菜式，已湮沒無聞，會燒這種精美筵席的老廚子，現今躲在成都內城的陜西會館的飯堂內工作。我聽了意興全消，再不追問下去。

第二天是中國科學院成都分院做東，選在「陳麻婆豆腐」。這也是國營飯店集團，大小分店遍佈全市，我們去的是最大的總店。菜式仍是先冷、後熱、中插小吃，冷菜以後便鹹甜不分，上菜速度之快，令人無暇細嘗。涼菜與「龍抄手」大同小異，不過蔬菜是盛在漆盒內作主盤，其他的肉類則圍在旁邊作小碟，即是說冷菜就有十六樣，其中有不少滷的豬、牛肉菜式，花椒味和辣椒味都十分強，就算每樣只嘗一口，已試了很多不同的調料和味道：紅油味、白油味、麻辣味、椒麻味、薑汁味、蒜泥味、怪味、芥末味、麻醬味、椒鹽味、糖醋味、酸辣味等等。一菜一味是不錯的了，但一次上齊，味道的厚、薄、濃、淡層次不分，吃了兩、三種麻辣菜，味覺已然麻木，百味難分，似乎只得一個總味：麻、辣、鹹加味精。

麻婆豆腐是每位上，盛在小碗內，異樣的麻，特別地辣，也出奇地鹹，浸在紅油中似的。如果是在冬天，送一大碗白米飯，真是神仙不如，可惜無飯，等得飯來豆腐也冷了，何況陳米白飯還是溫吞吞的，正是聞名不如親試。當年陳麻婆的食客，大多是過路挑夫和本土人，在一天勞動之後，飽嘗一頓這麼燙的好餐，滿足自不待言。今天的麻婆豆腐，竟然押在席後，桌上已架床疊屋的排滿了吃不完的菜，誰還有胃納？只看那豆腐胡亂地盛在小碗內，全不管外觀的，連胃口也丟掉了！

第三頓飯去了「成都小吃」，也是同一性質的國營飯店，供應的小吃，大致相類。嘗到了珍珠丸子、酒釀小丸、雙味葉兒粑，豆沙涼糍粑、燈影牛肉，小籠蒸牛肉等等數不勝數的小吃。馳名的豆花，與我們的豆腐花無異，只是鹹味的，澆上了紅油、抽油、榨菜及葱花。

每多嘗一次小吃，愈覺單調乏味。把本應各有風味的小吃去企業化，變成千篇一律，只要光顧了一家，其餘的也不用去了。同樣，鄉土菜應該有當地的特色，硬把原本十分可口的小菜搬上了筵席而不善視之，真是蹧蹋。

虎皮海椒和味之極

不管四川筵席被譽為多釆多姿，好吃的不多，好看的更加不好吃。反而在成都近郊的衛星市鎮溫江，吃到一頓絕不做作，充滿了鄉土氣息的好菜；小炒蔬菜尤見特出。一味叫虎皮海椒的，人人讚好。新鮮的鑿形薄皮青椒，用油炸軟上席，外淋溫江著名的白抽油及香醋，上灑糖粉。青椒微辣，原隻進食，和味之極。溫江是農業區，養殖各種魚鮮，以小淡水龍蝦最為出名。此外也盛產甲魚、草魚、鯽魚、黃鱔及鰻魚，但不產蝦。其他的菜式都不錯，不是味味俱辣，翠綠的蘆筍，白色的苦瓜，青色的茄子，甜的紅椒，爽脆的萵苣筍，都用最平凡的手法處理而有最佳的效果。在溫江吃到的程抄手，肉餡拌進了糁糟，別具一格，比龍抄手好吃得多。

肉絲炒甜紅椒

溫江的甜水麵和涼粉甚負盛名。因為溫江的調料好，加在通透晶瑩的涼粉條內，味道深邃雋永。四川的涼粉是用豌豆粉做的，爽而滑，與天津用綠豆做的粉皮爽中帶韌的質感不同，頗有異趣。

養殖淡水小龍蝦

跟著大隊，每天非吃足三頓味精飯不可。就算年富力強的男士們，也覺吃不消。一個自由活動的晚上，大家決定去吃廣東菜，結果也是十分不滿意，油和味精仍然用得太多，換湯不換藥，那裏像廣東菜，不辣就是了。至於小吃，住在成都七天，餐餐如是，店店如是，真是吃得意興索然，巴不得早日往昆明去，換個口味。

其實四川菜一定有它優異之處，何以竟留給我們如此印象？想與逗留在當地的時間太短，未能慢慢欣賞有莫大的關係。若在每頓飯內，最多嘗試兩、三種口味，而不是地氈式轟炸似的，草草上完了事，則效果自然不同了。四川的供食方式十分古怪；小吃急上急撤，熱菜上了不撤，一盤疊一盤，全堆在你前面，想吃下面一層的，非要發掘不可。

# 天府之國

**(原文寫作於1992年10月，2001年9月修改)**

四川地處溫帶，土地肥沃，雨量充沛，兼有山林水草之利，物產豐盛，向有「天府之國」之稱。而四川的食制，在特別的地理環境下，用料多樣，調味突出，加上獨特的烹調及供食方式，自成一系，向有「以味見長，百菜百味」之美譽。事實上四川菜系是否如此多姿，見仁見智。但四川物料之豐，在中國省分中，無疑是首屈一指的。

物產豐盛的四川

剛隨中文大學及理工學院的訪問團去了成都和昆明。一抵成都，我便向東道主「中國科學院成都分院」表達想參觀成都市最大的「青石橋農貿市場」的意願。十分幸運得到副院長陳維新教授特別安排交通工具，並着院中外事處的一位郭小姐陪同，作了一次鳥瞰式的巡禮，我對四川的土產食貨方稍有認識。

## 四川調味料

鹽為百味之本。四川多鹽井，所產食鹽成 自然晶體，通稱川鹽。井鹽因不含鎂，味勝海鹽 ，用川鹽醃製的榨菜、芽菜(醃菜的一種，是擔擔麵澆頭的主要作料，並非豆芽)、大頭菜、及日常下飯的各式泡菜，都因為用的是井鹽，風味特佳，四川人無不引以自豪。

四川菜以麻、辣見著。説到麻，不能不提川椒。在市場上川椒只有兩種：漢源花椒和普通花椒。漢源花椒麻味特強，與普通花椒一比，高下立見，多用以作醃菜，泡菜和滷汁。一般燒菜，用價錢較平的普通花椒已足。

中國上古時代已大量使用花椒，可加在飲料內，可用以調味，也可撒在廳堂上。漢朝后妃的房間，牆上便塗滿了花椒粉，故有「椒房」之稱。湖南長沙馬王堆西漢墓出土的香料中，也有花椒。四川菜中，使用成粒花椒的，多見於紅燒菜，滷菜、醃菜及泡菜。若與其他調料同用的，則用磨碎了的花椒粉。

四川菜的辣，來自「海椒」。海椒等於我們的辣椒，因何有此稱謂，可能與來源有關。據說辣椒是明萬曆二十二年(公元一五八七年)從西班牙治下的呂宋入口的，因從水路而來，便叫海椒了。四川海椒的種類，不若東南亞辣椒之多，在市場上見到的，只有長形、燈籠形及鑿形三種，鑿形的又有紅綠之分；紅椒味甜而不辣，外皮比香港進口的甜紅椒要薄得多，宜涼拌，更宜與肉絲同炒。青色的用途甚廣，炸軟了做虎皮椒(見第77頁)，與其他的蔬菜(最妙是苦瓜)同炒，更相得益彰，比較合香港人的口味。燈籠椒是綠中帶黃色，不辣。

長形的青椒十分辣，切碎了蓋在涼菜上，別有風味。青椒長老了顏色轉深紅，四川人連種籽一起搗碎成末，加滾油去燙便是紅油。若缺了紅油和花椒，不知四川人怎活得下！市場中遍是香料檔，任人選購，不外花椒、胡椒、草果，三柰、八角之類。

三色茄子

淡水小龍蝦

四川人也十分稱許自已的醬料；郫縣的豆瓣醬最為著名，用途之廣一如粵菜的麵豉醬，京菜的黃醬及甜麵醬，是用蠶豆瓣加了紅海椒和麵粉發酵而成，而不用黃豆。溫江區的生抽和香醋也是名馳四川的。川菜重涼拌，要有好的醬料自不待言。因此在外國標榜正宗四川菜的國營飯店，據云所有調料都是直接從四川入口，其中以鹽、醋醃製的青色海椒，絕不能以任何外國作料代替。

## 四川的魚鮮

姑勿論今人對四川菜如何重視，四川物產如何豐盛，卻因離海太遠，有河鮮而無海鮮，實在美中不足。近年淡水魚類的養殖，日見進步，人民購買力也增加了，四川人不致食無魚。市場上不少魚檔，一盤盤的活魚如草魚、鯽魚、鰻魚、黃鱔、鯉魚、鰱魚、淡水小龍蝦等，擺滿一地。在旅游區的小飯店門前也遍陳石蛙、塘蚌，江團、甲魚等較名貴的魚鮮，以廣招徠。在幾個宴會上吃到的海魚，全是急凍貨。吃過一道椒鹽基圍蝦，想係本土養殖，至於對蝦，肯定是急凍的了。每次吃到江團，主人一定鄭重其事地解說江團是郭沫若最欣賞的名魚。回港後遍查各類詞典均無記載，不知學名為何，又屬何科？石蛙個子頗大，骨硬肉粗，用乾煸法炮製，算是特別的了。四川的甲魚裙子非常小，吃過幾回都是半湯半菜，毫不吸引，但同燜的四川獨蒜，全不經油炸，鮮甜而無蒜味，在我飲啖的經驗來說，屬個新發現。養殖魚都微帶泥味，不敢恭維。主人家以罕而貴的魚鮮招待香港客，實盛意拳拳，但大家寧可多試一些平實的鄉土菜。

## 四川的肉類和禽類

四川有一個怪現象，就是豬肉過剩。一般人每餐吃肉的分量甚少，多用以炒菜，無非表示有肉可吃而已。據科學院的周教授說，成都人平均每人每月消費約三斤的豬肉。物價連年暴升，蔬菜已漲價三倍，牛肉漲了兩倍，而豬肉價並無波動， 每斤約售人民幣二元五角之譜。奇怪的是，四川人不懂如何利用這些過剩豬肉，近年方從廣東學會了做臘腸，又學了做香腸，方打倒了加工牛肉的獨佔市場。四川人喜食牛肉，從牛頭到牛蹄，無一部分不食，夫妻肺片就是用牛內臟為作料的名小吃。現成的加工牛肉有陳皮牛肉、燈影牛肉、果汁牛肉、五香辣牛肉、一般牛肉乾等，在大型百貨商店的食物部內，陳設得洋洋大觀。豬的內臟也是涼菜主料之一。牛肉價格約為豬肉的一倍半。最貴的是兔肉，算是四川的筵席菜。

塘蚌

四川菜以鴨子著名；香酥鴨、樟茶鴨、八寶鴨、神仙鴨、鹽水鴨等都是名菜。四川的鴨子叫做子鴨，個子小，皮薄，油少，肉嫩是一大特色，全市都有以甚麼鴨子為名的飯店，大街小巷滿佈售賣現成熟鴨子的小店，看來四川人比北京人更喜歡吃鴨。雞比鴨貴，要十元左右一隻。鴿子小得可憐，也要六元一隻。雖然比起香港的物價，算是便宜得多，但在當地，要常食雞鴨，並不那麼容易。

在成都吃到的雞蛋特別香。我們到溫江參觀過一個雞場，場主本是一個藉藉無名的農人，得到縣裏的支持，從銀行借來四百大元，從事養雞生蛋和孵化雞苗的生產，三數年內飛黃騰達，已成百萬個體戶。他利用美國力康蛋雞和法國的依利沙白雞配種，白雞生赤殼蛋，比美國的特大珍寶蛋還要大。他得過無數獎狀，現時是勞動模範，人大代表，他新建的別墅應有盡有，可惜廚房還要燒草，別墅門前仍留著糞池，倒也有趣。特大雞蛋一元有四隻，很便宜。

## 四川的蔬果

特別幼嫩的茭白

白色涼瓜

去了皮的獨蒜

四川的蔬菜確是多采多樣，慢步在農貿市場中，真個流連忘返。身伴又有郭小姐同行，不懂便問，開心得很。大概土地肥美而又用自然方法種植，四川的蔬菜富菜味，不像化學蔬菜徒有其表而無真味。因為是農人親自挑到市場出售，日日新鮮。

四川的豆，種類真多。有一種新配種的豇豆，色翠綠，長而細，豆少莢多，質脆，是涼拌及醃製泡菜的好作料，稍焯一下，加點薑米、糖、醋，實是一流。毛豆正當大造，有帶莢的、有剝了莢的，綠油油，真得人愛。吃過一味枸杞毛豆煮豆腐，紅綠白三色，清雅悅目。

如果當正大造，新鮮的蠶豆、豌豆、白芸豆、花芸豆、一齊上市，拌、炒、燴、悉隨人意。用豌豆或白豆磨成粉，可做涼粉，若味調得好，粗物也變了美食。成都的譚豆花很有名，點豆花時加了米漿，質地較我們的豆腐花稠結些。豆腐是用土產黃豆做的，滿有豆香，也很嫩滑。五香豆腐乾則是大大的一張，涼拌和炒榨菜肉絲均無以尚之。

四川有一種紅皮白心的蘿蔔，其辣無比，切細絲醃以糖醋，加些辣，醒胃之至。四川的絲瓜，即是我們的水瓜，但較細長，汁多清甜。嫩薑芽似枝筆，一點不辣。南瓜與日本的相類，曾吃過一味香菇豬肉釀小南瓜，還是帶著花的，很別緻。涼瓜是白色的，茄子有紫、白、綠三色。

茭筍嫩得全無纖維，爽脆細緻，可乾煸、可涼拌，可與肉片或雞片同炒，精彩之極。本來四川的竹筍品類最盛，惜季節已過，只有長形的，用來燒湯，清鮮無比。小春筍尖是鹽泡了的。

最特別的一種蔬菜叫折兒根，又稱魚腥草，野生於稻田間，四川人用鹽稍醃，涼拌來吃 ，以微帶魚腥味，故得名。很想試試，但想到自然種植的肥田料，不寒而慄。最普通的蔬菜是椰菜，四川人叫蓮白，不過幾分錢一斤。有一種叫豆腐菜的，卻是我們的「潺菜」，但葉子圓、薄而細，有特殊的菜味，我們早、午、晚三餐都會吃到。

那天見到的蔬菜真是數之不盡，還有大白菜、小白菜、西蘭花、芥蘭頭，大頭菜，又肥又壯的蒿苣，飽滿的青葱，奶白色的唐芹，再數下去，讀者一定當我是個齋姑了。

四川的水果不多，蜜桃正是當時得令。西瓜、香蕉、橘子都是由雲南而來。四川的花生，花樣真多，是涼菜中的主力，油炸、炒香、又或加香料煮(腍)。每天的早餐桌上常有一種魚皮花生，外皮紅色，但不知摻了多少花椒粉進去，奇麻，試過一次，大家都不再問津了。

還有，四川有全中國最大的中藥批發市場，想要甚麼都有。我一走進去，立刻大打噴嚏，稍作勾留，買了些西藏紅花粉和銀耳便趕快離去。

豌豆涼粉

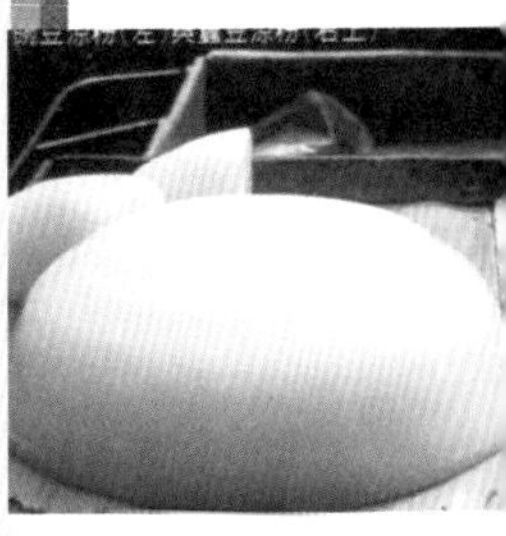

蜜桃

親情、友情，加上美食，此情此景令人難忘。

Poulet
de Bresse
59,80F
CANETON
29,80F
X, Los Angeles

Le seul à
énéficier d'une
ppellation
d'Origine
Contrôlée
PESCADOS PILI
SISETA

# 從「拉差」到「趕集」

**（原文寫作於1992年11月，2001年11月修改）**

抗戰前，為了遷就哥哥往培正中學就讀，我母親特地搬離廣州河南的老家，到東山稅屋自居。記得那時的居所，後面有個軍營，一清早軍隊便晨操，跑步，還唱軍歌。這些駐軍時常調動，人人背上行囊，推著些行軍用品和炊具雜物等，一窩蜂地來去，老傭人見了總會說軍隊又在「拉差」了。印像中，「拉差」是一種匆忙而狼狽的集體行動。

但在我美國的家，「拉差」是全然另外一回事。

外子嗜辣，偏好泰國一種「是拉差」牌子，其辣無比，有分大辣、小辣的辣椒醬。每飯問他要否「拉差？」必答以「是。」不過，怎樣纔算「是」「拉差」的真滋味，今年夏天的歐洲之旅，倒嘗得夠透澈了。

## 寧可「拉差」不做「鴨仔」

外子素來反對參加旅行團。他最不服氣由人強行安排一日三餐，更不喜歡像「孫悟空」般處處「到此一遊」。何況我們一早便答應過帶孫兒們遊歐洲，尤其想讓最愛吃的大孫文翰有機會多嘗不同國家的食物，我們便自組「祖孫團」了。外子曾在歐洲生活多年，行程全由他去策劃，女婿主交通，女兒負責安排住宿，男孫文翰管搬運，女孫文軒當打雜，做婆婆的則一力包辦飲食。

整個旅程為期廿二天，空、陸、海三路并進。在美國先購好每人一張歐陸鐵路通行票。除了在大城市要預訂旅館，此外去到那裏便住到那裏，遊食四方。我們從三藩市直飛巴黎先玩三天，然後到比利時京城布魯塞爾兩天，荷蘭亞姆史特丹三天，北上渡波羅的海去丹麥，租車遊五天。之後坐火車南下法蘭克福，再租車，沿著德國在十八世紀建成、遍是古城、古堡、大教堂之羅曼蒂克大道(Romantisch Strasse)游覽。再特地轉入法國史特拉斯堡，帶文翰去飲譽廿多年，位於高馬(Coma)附近的三星餐室「漪河居」(Auberge de l'Ill)，一嘗名廚馬克希伯靈的好菜。方折返法蘭克福交車，坐火車回巴黎，入住早已租好的公寓。

如此旅程，行李一定要簡單；每人手提布袋一個，加個背囊。但每到一地，從火車站入住旅舍，上落公共交通工具，帶著這些行李，已覺累贅之極。若還要趕時間，一行六人你拖我拉的，就像軍隊的「拉差」，狼狽不堪。

## 歐洲轉火車驚心動魄

歐洲的鐵路網雖然四通八達，但從亞姆斯特丹去丹麥，是沒有直通車的，要轉車三次。每轉一次車，必要從一個月台走過天橋纔能到另一個月台，有時轉車的時間竟短至五分鐘。一次我女兒在停站時下車去掉垃圾，火車立即開行，把她一人留在月台上。我們好不心焦，一抵下站便下車候她乘下班車來，因此我們誤了預定的班期。以致一段八小時的車程，竟要轉五次車，上落「拉差」一共十次，也可算是「拉差」的最高峰。

這麼苦苦地「拉差」，不外乎不甘被趕做「鴨仔」，能享受一點食、住、行的自由，但付出的代價實在太大了。我們到了丹麥的Fredericia，已是凌晨，人人疲憊不堪，潰不成軍。幸而的士司機替我們找到了下榻之所，翌晨租了一部九人福士小巴，「拉差」行動方暫告一段落。

## 有緣得識「榮興」燒臘

歐陸鐵路通行票是頭等票，坐位寬敞而搭客比二等少，但因旺季，仍得預定坐位。從比京到亞姆斯特丹，我

羅曼蒂克大道上的古城，多有城牆圍繞，城內多大教堂及古堡

們佔了兩個車廂，很舒服。不料半途闖來一個歐西人，毫不客氣坐在我們中間，竟操起十分純正的廣東話和我們搭訕 。原來他是荷蘭人，讀的是東方語言及文學，到北京學了三年中文，是個翻譯官，九月便會長駐香港的漢海電子器材公司工作。大概他技癢，見我們是中國人，好趁機表演一下他的語言本領。他的國語比他的廣東話更要得，中文字體，繁、簡俱通，廣東話據説是在亞姆斯特丹唐人街的廣東館子跟人聊天學來。他大力推薦一家叫「榮興」的燒臘飯店，他説香港「鏞記」也有所不如哩！

利高樂園

從善如流。榮興的燒味果然超香港水準。歐洲的雞、鴨、豬肉質素都要比香港高，燒烤技術掌握得好的，自然優勝。兒孫們生活在美國，一旦吃到皮脆、肉厚、油少、香噴噴、新鮮出爐的燒鴨，開心到極。可憐的婆婆，眼巴巴看著兒孫們大嚼，自己只叫了一盤鹽油蒸豆腐，一碟淨油菜，但不必擔心味精，已覺很開心了。

在歐洲吃中菜，遠比吃西菜便宜。荷蘭的豬肉既嫩又少油，叉燒和燒排骨的確比香港好。上路那天，我特地跑回榮興，買好一眾的飯盒，我則要了一客油鹽菜薳撈麵。這等消費，每人也要十多美元。自從踏入巴黎後，發覺物價高得驚人，倒也見「貴」不怪了。

## 比利時青口餐一流

比利時的青口，馳名歐洲，肉嫩鮮美，入口無渣，烹法多樣，一客就有一大鐵鍋，用麵包索汁，美味之至，真是百吃不厭。在比京商會附近，是遊客的集中地，餐室林立，家家標榜青口餐，我們當然不肯錯失機會，吃個痛快。結帳的時候，六小瓶的清水竟折合廿四美元強，反而啤酒也沒有那麼貴。得此教訓，辨伙食的婆婆，總不會忘記到處買水。

## 利高樂園富教育性

我們去丹麥，主要是帶孩子們去參觀「利高樂園」Legoland。很多香港人都會熟悉這種最富教育性、丹麥製造的Lego積木。Legoland位在Billund ，是丹麥西部最大的一個半島。樂園內全是由Lego積木砌成的世界各國著名建築物的模型，一幢建築物有用多至數百萬塊積木，手工細緻，殊為特出。去Billund 交通不直接，故不在一般旅行團行程之內。遊客多是本土及歐洲人，連無處不在的日本遊客也罕見。樂園內除了模型，還有一個玩具博物館和一個娃娃屋，教育性極高。

八月的丹麥天高氣爽，坐下來飲杯生啤，啖燒香的肉腸，讓孫兒們盡情遨遊，也是做老人家的賞心樂事。「拉差」之苦，早已置諸腦後。

離開Billund，渡海去Odense ，一訪童話大師安徒生的故居。兩個孫兒留心細讀安徒生的傳記，獲益不淺。在丹麥我們放緩了步調，又有車子，可說是隨遇而安。

## 與故知敘舊一樂也

從Odense再渡海，漸近哥本哈根。我們遊了莎翁名劇「哈姆雷特」的古堡，也遊了Fredericksborg皇宮。最後整家去探訪丹麥老友比安那。以前我們常往哥本哈根走動，不想再游覽，就讓孩子們自由行動，我們則和朋友聚舊。比安那太太給我們弄了一頓很可口的晚餐，吃到十分新鮮的丹麥小蝦。

德國豬排

紅酒鴨胸

歐洲的旅店多半包供早餐。每早我們吃得很豐富，火腿非常精彩，肉卷也不錯。餐桌上擺滿了各類奶品、果汁、乳酪、麥片和多種麵包，吃飽了便起程。若路經超級市場，買備當天的午餐，也有很多選擇。美食部供應各種熟食：煙魚、燒豬肉、燒雞、火腿、小蝦、魚子等等，琳瑯滿目。挑些肉食，再買些麵包、水果和番茄，青瓜及飲料便足，晚餐另作打算，仍以吃當地口味為主。

## 德國食緣

離開丹麥到德國法蘭克福，也是租輛九人小巴。我們沿著羅曼蒂克大道緩緩邁進，每一個古城都稍作勾留，逍遙自在，吃到非常美味、饒有鄉土風味的德國菜。一日，駛向盧敦堡Rothenburg時已近投宿時分，大家決定一見到有旅舍便入住。話猶未了，旅舍已在後頭。見到另一所時，下車去打聽，主人説已完全客滿。我見門外掛了法國燒烤美食會的徽記，便向主人出示我的香港分會的會員證，他立刻幫忙打電話到堡內與同行連絡，為我們定好房間。

攀談之下，知道主人名吳納爾Wilhelm Worner，是位香港迷，每年一月必去香港一次，喜歡住香格里拉酒店，喜歡食廣東菜，更喜歡飲茶食點心。他說去香港是為喫，也為添置絲襯衣和西裝。

旅店的名字與毗鄰的啤酒廠Landwehrbrau同名，其實同屬一家。旅店有個狩獵式的餐室，充滿鄉土氣息。吳納爾先生雖然不是餐廳的主廚，但餐單是他設計的，他歡迎我們嘗試。我們只覺這實是一個巧遇，應該隨緣，於是訂了晚餐的座位。

我們穿過幾度城門方找到旅店，是一家製牛皮的工場改建而成。樓下是賣餅食和喝啤酒的地方，沒有裝潢，樓上纔是房間。想不到門面看似破舊，但房間的設備十分現代化，床上用品尤其舒適，大家非常滿意，決定住兩天。

作者與一身香港打扮的吳爾納先生合照

## 飽嘗野生黃菌

八月是黃菌Pfiffelingen的季節。晚飯的餐單上有多道以黃菌為主料的頭盤，很多主菜都用黃菌做汁液。我們大喜過望，凡有黃菌的菜都點了：諸如暖黃菌沙律、煙肉炒黃菌、黃菌忌廉湯。吳爾納先生特別介紹一味黃菌奶油汁烤鹿肉，也推薦了好幾個紅燜菜。當時得令的黃菌，帶點幽香，既爽而脆，炒的比做沙律更為出色。我們意猶未足，再多點一盤。鄉村式牛肉和豬肉都燜得火候十足，又夠份量。可惜要到十二月纔是鯉魚季節，否則我們可以嘗到吳爾納先生自己魚塘飼養的大鯉魚。甜品微酸，十分地道，是用當地特產酸蘋果做的煎蘋果批，很可口。

煙肉炒黃菌、黃菌忌廉湯(右)及黃菌沙律(左)

盧敦堡是羅曼蒂克大道上最古色古香的一個城堡。四周圍著的城牆，經過二次大戰，仍然完好無缺。我們漫步城頭，遠眺四方，心曠神怡，又有兒孫相陪，真不願作歸家之想。遊罷大教堂、古堡名勝，嘗一頓鄉土菜，回旅店睡在極其舒適的德式床上，多日來的勞頓，一掃而空。這間小旅店的早餐也很豐富，比起我們住到的五星級大酒店另具一番風格。

## 跟團豈能優悠自得

這不過是旅程的一小片段，卻遇上意外的緣。故勿論是「人緣」抑是「食緣」，在我來看都值得記取。有時在疲於「拉差」之餘，一家人少不免會討論是否做「鴨仔」會更為寫意。事實上，跟團比自組小團便宜得多，也省去很多麻煩，樣事有人擔當，不必自已費心。但像我們要去一特定的地方，做一些自己喜歡的事，那只好辛苦點了。

我不是一個好旅客。因為在飲食上有很多避忌，要特別小心，故此難以服從多數。我喜歡不慌不忙，慢慢蹓躂，趕趕市集，喜歡買菜，喜歡仔細品嘗風味不同的食物，我不願花時間在購物上。只要還行得動，我寧可多「拉差」幾次。

黃菌

# 趕集

**(原文寫作於1992年12月，2001年11月修改)**

打從小時起，一提到「趁墟」這回事便興奮莫名。每年夏天隨祖父母回農場渡假，一定央老管家帶我去趁墟。我家的江蘭齋農場，位在番禺縣的蓮潭，因為是個小村落，沒有定期的市集，農場所有的產品，都要交由小鐵路運到羅崗墟去出售，而且還得在墟日。記得羅崗的墟期是逢農曆三、六、九日。

墟日在古老的鄉鎮，算是個大日子。做小買賣的固然要等這一天，要出售農產品的，便得在墟期前一天收成，一買、一賣非借助墟市作集散地不可。抗戰時隨先母疏散至粵北的連縣三江墟，就讀於真光中學，當地的墟期似乎是逢五、十日。平日蕭條的小市，一到墟日集滿了鄉人，連山上的瑤民也抬着土產去賣。有時適逢墟期是週末，我總會和同學們湊興去。

做了都市人漸把墟日淡忘。四零年度末期再度逃難香港，那時的大埔墟已是有名無實，週末的新界就等於一個大墟市，遊人如鯽，有買有賣。最後一次看到沙田舊墟是一九八零年初拆卸前，如今滄海變桑田，已無法辨認。現時在香港，最接近墟市的，要算新界石崗軍營後的露天成衣市場，每逢星期五早上，擠滿了人，很多還是外籍的。我和菲傭一年中總得去一、兩趟，很有「趁墟」的味道。

在石屎森林生活的香港新一代，很難想像「趁墟」是怎樣的一回事，不如改用「趕集」二字吧。

一九八四年住在德國，竟迷上了歐洲式的墟市。每到星期天，各地大教堂的廣場，擺滿了臨時小攤檔，五光十色，賣的以蔬果、食物為主，都是附近農人帶來的。德國人守完主日，順便去逛一下，買些土產。有些規模較大的市集，就像一個露天街市，連乳酪、香腸、煙肉、煙魚，肉類等等，都應有盡有。一些小戶，還會帶來狩獵的獲物，採得的野菌和野莓，就地擺個攤子，賣光了買回一些自己需要的，多少似以物易物的原始行為。

我們那時週日的節目，就是趕去逛市集，就算在旅途中，也要四處找市集，趕得不亦樂乎。我個人認為，要了解一地的飲食文化，應從多方面探討，而作料的供應，人民的口味，決定了當地的飲食模式。作為一個過客，試食固然重要，但土產所扮演的角色，卻不容忽視。若要對土產加以認識，逛市集是最有效的捷徑。但在大城市，逛的多是室內市場了。

廿多年來，每到一塊新地方，一定先打聽附近有甚麼特別的市集，然後逐個去逛。每看見有新奇的土產，恨不得在當地住下來，好買回家去煮個痛快。住下來容易，要有一個可以煮食的家也就難了。在德國海德堡那段日子，總算如願以償。歐洲交通方便，德國與法國、比利時、荷蘭、瑞士、意大利等毗鄰國家，朝發而午到，週末旅行回程時，便是趕集的好機會。

亞姆斯特丹及鄰近地區

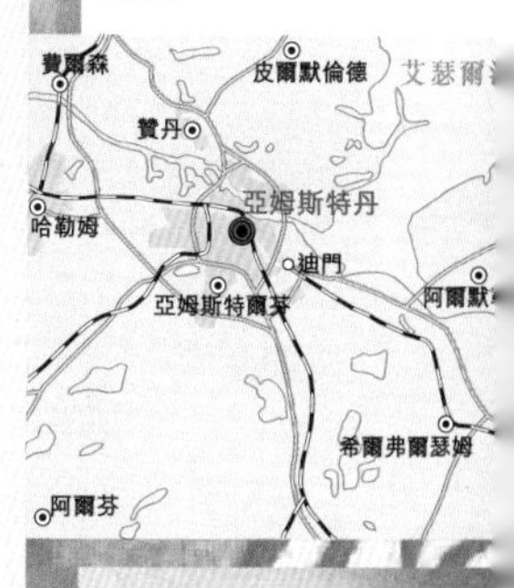


今夏帶著女兒一家去歐洲，自然少不了去逛市集。在亞姆斯特丹，我們下榻離市中心有一段車程，在Rea站附近的Novotel 酒店。每天搭乘街車出門，一定經過一條街，兩旁攤檔林立，行人擠得水洩不通，街車停下來時我們也無法看通街有多長，攤子賣的是甚麼東西，但肯定碰到露天市集了，決定去「諸事」一番。

原來這種市集是有定時的，一星期做五天生意，朝九晚七，下午一時至四時休息。攤檔是臨時蓋搭，到了星期六下午五時前全部拆去，由小販們合力清理，回復整條街道的本來面貌，下星期又捲土重來。肉類、魚類及乳酪等需要保鮮的食物，攤檔附有冷藏設備，熟食檔也有保溫器，整個露天市集儼然室內市場。

最吸引人的是花檔。荷蘭素有花國之譽，品種之多簡直目不暇給，很多白色的小花還是從未在香港露過面。蔬菜種類亦多，遠比在香港超級市場的輸入荷蘭貨要新鮮。有小販在賣醃過生的沙甸魚（herring），荷蘭人執起了魚，仰高頭，張開口，一送、一吞、又是一條，看得我汗毛倒豎，不敢領教，可惜隨身沒有攝影機，大失機會。

那天是星期六，我們擠進了市場的心臟地帶，已有人開始拆檔。行經賣燒雞翼的檔口，孫兒們嚷着要買，檔主看似個中東人，他說收檔在即，實行「賣大包」，滿滿的一大袋，只收我約六美元，論質和量，是整個旅程中最便宜而又可口的熟食。雞翼的醃料很特別，似混入了芫荽籽。乳酪檔堆起一輪一輪、大大小小的Gouda 和Edam，我們要回酒店，每樣只試了一點便算，啖來與外銷的無大分別。再行下去，見到布攤，成衣攤，日用雜物攤，如果遊人不是紅鬚綠眼的，幾疑此身在香港「女人街」中了。

離開德國的盧敦堡（Rothenburg）是個星期天的早上。這個古城雖小，大教堂外照例有市集，但因遊客多，賣的東西已不限於農產：一些家庭主婦會賣些自製的曲奇、麵包和糕餅；有來自小農莊的鮮蛋、蘋果、梨子；甚至當地人種了蔬菜，有多餘的也會拿去出售。有些外地人則擺個水果檔，賣的是共同市場的入口貨。盆栽、果子醬、蜜糖、都是家製的，更少不了德國最著名的肉腸，燒得香氣四溢。手工縫製、鄉村風味十足的童裝和玩具，是這裏的名產，我們要趕路，不暇細心逐檔欣賞了。

廣場上悠閒的人群

我們繼續專程去法國阿爾薩斯的「漪河居」吃完一頓精美的晚飯後，在史特拉斯堡過夜，翌早開車趕回德國的法蘭克福。路經費萊堡（Freiburg），那裏的大教堂是德國的旅遊重點，想不到在星期一仍有市集，廣場上人山人海，攤檔之多，延展地帶之廣，遠非其他小鎮的市集可比。

廣場的一邊擺滿了農產品。我們買到前一晚在漪河居吃到的小黃梅；熟得黃澄澄，果肉軟糯而清甜。也買到用以釀製慕士傑（Muscat）白酒的葡萄；小小的顆粒，甜得似蜜糖，香味比釀成的酒還要清。菜檔擺著黃菌、白菌、肥大的青蒜，縐皮的椰菜，我買了些番茄，個子不大，但籽少肉厚。黃菌不貴，每公斤34馬克，很想買些帶去巴黎，但農人說黃菌久置了便會失去香味，只好作罷。

廣場的另一頭賣的是工藝品和紀念品。再過去是小食檔，每檔各具特色，食品多樣，人人爭買燒香腸和燒豬排。有一樣鄉土氣味十足的麵食，用酸椰菜、乳酪、洋葱與一塊塊像是疙瘩的東西煮在一起，盛在一個可以吃的麵做的盤子內。德國人一家大小拿着叉子向盤裏取吃，看來滋味無窮。我們也照辨煮碗買了一份，試了一口，既酸又鹹，無人再有興趣。反而各式燒腸及牛肉夾餅大受歡迎，燒豬排也不錯，我們試完一樣又一樣，外子還去酒亭嘆其土釀Baden 酒區的白酒哩！

到了法蘭克福還車，入住酒店後倒頭便睡。女兒一家卻找到了廣東館子，居然有油炸鬼、及第粥、乾炒牛河，可見中國菜在德國，比八年前的進步了不少，可絕不便宜。第二天早上乘火車去巴黎，我們早已在第七區租好了公寓。

我們的歐陸鐵路通行票，尚有兩天纔到期，經過幾番考慮，決定盡量利用車票到巴黎鄰近的名勝區遊覽。第一天我們去諾曼第 (Normandy) 的盧昂 (Rouen) 。

二次大戰德軍佔領法國，在諾曼第設防，被美軍攻破防線登陸。名城盧昂，到處都是古跡文物，也是聖女貞德被焚之地。城中有一座建於戰後、紀念貞德的教堂，設計新穎，外面看來像一隻翻了面的大艇，教堂四壁的彩色玻璃，全是從戰時被炸毀的教堂集合得來，洗脫了以宗教故事為背景，而以色彩的配合為主。在太陽照射下，從教堂外望，瑰麗輝煌，似個大萬花筒。

盧昂近海，自然以海鮮勝了。有趣的是，緊貼貞德教堂是個有上蓋而無圍牆的魚市場。魚檔上擺滿了非常新鮮的魚類和貝殼類，眼界為之大開。這回不單只可以買，還可以帶回公寓去煮，興趣因而更高。

法國的蟹其貌不揚，大的看來外殼極厚，作赭色，但也有方形、青色的小蟹，頗像細小的大閘蟹，也有紅殼的

諾曼第位置圖

小蟹，都和我們的不同。生蠔是論隻計值，青口則以鐵罐為單位。螺分大小，每公斤計。我們在巴黎的餐室吃過一大盤海鮮大會，生、熟俱備，己略知各種貝殼類的性質和食味，心中有數要買那幾種。

歐洲的比目魚種類很多，最大的是turbot，肉較厚，不若另外一種sole的幼滑；就算sole也有很多種，看得人眼花撩亂。更有些雜魚，形狀古怪；鱒魚(trout)較普通，還算便宜；近年在香港亮相的lotte (即monk fish) 叫價頗高。備受三星大廚青睞的rouget紅魚，個子小而取價不菲。每種魚都附有標籤，名字和價錢一望而知，走了一趟，已學到不少。

紫紅色的法國蟹

魚市場附帶賣肉、禽、乳品和蔬果。花檔則設在市場外。在魚市場側有一條類似「食街」的小巷，滿佈海鮮餐室，炸魚條的香氣飄達店外。我們決定先吃午飯，再作買魚打算。殊不知法國與荷蘭一樣，午間有三個小時的休息，我們趁勢遊覽市內名勝，開市時再去光顧。

大的比目魚

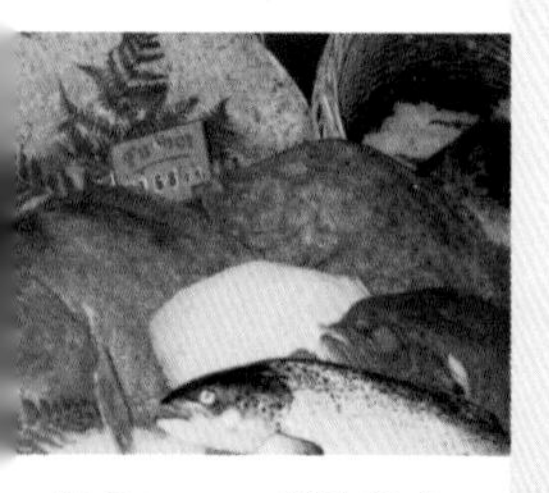

盧昂是印象派大師蒙尼(Monet)的故鄉，他畫過無數幅家園中的小橋和水蓮，他的故居就近市郊，乘巴士可達，吸引了大批遊客。市中心的大教堂，聖像的貼金因風化而剝落，正在維修中。博物館也有多間，但只能走馬看花，否則誤了開市的時間。

我買了三隻大蟹，一條比目魚和幾塊鱈魚柳，一大棵荷蘭來的官達菜(Swiss chard)，一塊薑，幾條葱，還有半公斤的黃菌，可是價錢比德國貴了一倍。趕完市集趕火車，回到巴黎在公寓的廚房煮第一頓晚飯：白焓肉蟹，清蒸比目魚(龍利)，鍋塌鱈魚，煮官達菜。大蟹的羔十分軟滑，有大閘蟹黃之風。龍利很嫩，惜鮮味不足。鱈魚比我們日常在香港吃到的急凍貨不知要好多少倍。最特別的是那棵官達菜，脆嫩無根，甜得像下了糖。自此以後，我每餐都買官達菜。

名魚Rouget價比雜魚高五倍

巴黎的物價貴得驚人，一棵官達菜也要四美元，其餘的可想而知，買一頓飯的菜，數百法郎一下子花光，但可一償既買又煮的願望，正是行不應計路，食不應計數，然乎？

# 漢福行

**（原文寫作於1990年11月，2002年4月修改）**

有這麼的一個笑話。

紐約唐人街有一家叫做Ollie Olson 的洗衣店，主人卻是個黑髮黃臉的中國人。顧客十分奇怪怎麼他會有個挪威名字。

據說這位唐山大兄初抵美國，在移民局排隊報到之際，移民官問站在他前面的老番姓甚名誰。老番答以：「Ollie Olson。」

移民官叫下一位，唐山大兄連忙報上：「Sam Ding（丁三）。」

移民官以為他說「Same thing」，丁三有口難辯，只好搖身一變成Ollie Olson 了。

其實這也不盡是笑話。早期的華僑，姓名無辜被倒置的例子，不可勝數，但礙於語言隔膜，欲辯無由。

約一百年前，首批飄洋過海去金山的廣東佬，美其名曰「掘金」，其實是被「賣豬仔」去做苦工，建築橫貫美洲大陸的鐵路。工程完畢獲准居留的，一部分在三藩市定居，開餐館或洗衣店。一部分卻選了去加省中南部的山獲堅谷(San Joachin Valley) 生根，從事農耕畜牧。

漢福位置示意圖

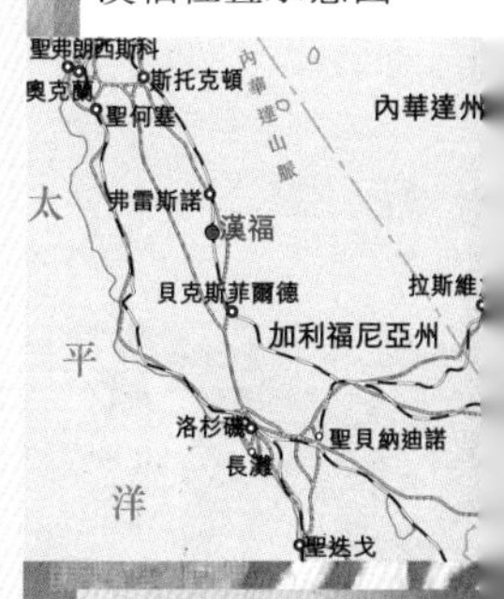

山獲堅谷在洛杉磯之北約二百里，該處除農莊及牧場外，並無其他工業。最大的市鎮要算漢福 (Hanford)，聚居了不少早期來自廣東花縣的華僑勞工的後裔。他們都姓江，但英文姓氏被移民官弄得一塌胡塗，以名為姓，再不姓江了。我的家庭醫生在漢福長大，姓的是複姓江佳。我一個朋友的父親叫江樹榮，結果他姓了榮而不姓江了。

漢福有間中華學校，有個鐵路博物館，還有一家名聞全美的餐館叫「天壇 (Imperial Dynasty)」。現時的主人是江樹榮的兒子江獻元，洋名Richard Wing。學校、博物館及「天壇」，就是漢福的三寶。

大約是一九七七年，外子的哥嫂從洛杉磯開車去聖河西探望我們，路過漢福，便乘機訪「天壇」，一嘗眾口交譽的焗蝸牛。問店主是否上海姓榮的，答稱是花縣姓江，名獻元。我大伯說那真巧，我弟婦叫江獻珠，她明天下廚做菜請食飯。想你們一定是親戚，如不見棄，你和太太明天請早。

第二天我家便臨時多了一對客人。雖然我是南海縣佛山姓江的，與花縣扯不上關係，想不到大家一見如故。攀談之下知道了一些他們的家族歷史。

一行人同飛漢福

(左起) 江獻元、作者及盧紫霞

江獻元是在漢福出生，自小在他父親的「天壇」餐館幫工，自然學到了中菜的基本烹調方法。江樹榮去世後，餐館由長子接手，同時增設了一個酒窖，開餐酒配中菜之先河。江獻元在二次世界大戰期間，曾返中國當馬歇爾將軍之特別保安官，戰後又到歐洲習法式廚藝。

後來他攻讀於南加州大學，獲國際關係碩士。但因長兄去世，迫得放棄專業，回漢福主持大局。除擴張酒窖規模外，尚在「天壇」餐館加設西餐部，推出一系列中法合璧的菜式。自一九六七年起，所獲獎狀無數，他的酒窖最近更被列入十大美國餐館酒窖之一。八一年列根總統就職聚餐會，江獻元被邀往華府獻藝。

江獻元有一位十分美麗的太太，第四屆香港小姐盧紫霞是也。她代表香港赴美參加世界小姐選舉後，紅絲繫足，就此留下來。盧紫霞調得一手好酒，且人緣極佳，夫唱婦隨，於茲廿餘年矣。

一飯結緣，自此兩家時相過從，在飲、食上分享大家的經驗。獻元的專長是將中菜的五味調和融匯在法式烹調內，以中菜為本，法菜為用，燒出味道錯綜複雜，作料配搭大膽新奇的中法美食 (Chinoise Cuisine)。在六十年代，法國新菜尚未引進美國之前，獻元以他獨到之見，創新的手法，為今日中西合流的一派奠下了穩固的基礎。

獻元不事宣傳，但他的菜引來了四方識飲識食之士，盛名不脛而走，小小的漢福成了旅遊勝地。在傳媒爭相報導之下，要嚐獻元的菜，非預定不可。我常向朋友推薦，認為「值得專程」前去。

韃靼牛柳

今夏返家，學生楊世芳及夫婿沈大陸告我，不久之前他們去了漢福，但因沒有預定，嘗不到獻元的「美食餐」(Gourmet Dinner)，失望得很，要我代為安排，找個週日再訪「天壇」去。

沈大陸的朋友約翰安徒生剛換了一架新的小型噴射機，一定要與我們同行。他是個食要飽，飲要醉的人，為安全計，特地請了聖河西最資深的機師駕駛。我們一行九人，在落日餘暉中，談談笑笑，二十分鐘便到漢福機場了。

燒馬鞍羊扒

漢福實在小得可憐，全市只有兩部的士而且破爛不堪，一搖一擺地送我們去「天壇」。獻元最近傷了膝，行動不便，沒有出來迎客。我和外子跑進廚房去先打個招呼，不使他分心。

當晚的美食大餐一共有八道菜。每道菜配的餐酒，不一定法國名釀，但都是獻元的精選。近十年來，加州小酒莊的產品，在歐洲的試酒會上大出風頭，而獻元往往能別具慧眼，及早購藏。在他酒窖內，就藏有很多廿年前藉藉無名，如今身價不菲的加州名酒。

頭盤是韃靼牛肉。加州最著名的哈利士牧場就在漢福附近，「天壇」選用的自然是精品中之精品了。生牛肉入口嫩滑，只靠一點麻油和胡椒，便帶出了真味。伴碟還有大蝦，鮮沙文魚和巴馬火腿，似有喧賓奪主之嫌。

跟著是「天壇」的招牌菜焗蝸牛。這個帶給獻元盛譽，歷廿多年不衰的名菜，果然是獨步單方，絕無僅有。蝸牛殼盛在傳統法國式的焗盤內，蝸牛肉用腰果醬和一些近乎中式的香料拌勻，填回殼內，上鋪幾片其薄如紙的生薑片及洋葱圈，大火焗香。蝸牛肉嫩，汁液濃淡得宜，味道卻有解不透的滋味。食完蝸牛肉，以法式麵包蘸汁，一索而盡。這個菜每年都獲美國旅遊假日雜誌的獎狀，而美國蝸牛協會更宣稱「天壇」的蝸牛銷售量，為全美之冠。

清湯哈士蟆也是獻元得心應手之作。他有一個特別設計的長筒形湯鍋，看似熱水爐，內分兩層，下層為蒸器，上層纔是湯鍋。湯鍋最底的部位有個水龍頭，一直伸出鍋外。湯在鍋內蒸好了，浮油升上面，只須扭開水龍頭，便有清湯流出來，隔過可用，不必採用西式麻煩的濾湯方法。湯底的主料是竹家雞（chukka），是家雞和野雞的配種，由附近的農莊供應。再加上精肉和牛仔肉，慢火燉出來的湯，香而不膩，微帶生薑的餘韻。

焗蝸牛

清湯哈士蟆

果汁焓雙魚柳

可能過份刻意，當晚的清湯在哈士蟆外還加了龍蝦、鮮菇絲、白蘿蔔絲及芫荽，反而擾了清淨。若像平日只浮幾粒晶瑩的哈士蟆，更覺精美。

海鮮菜是焓雙魚柳。沙文魚柳及石斑魚柳在魚湯內稍焯，火候控制恰到好處，嫩滑異常，不似近年加州新菜的大師，往往把魚煮個半生不熟，平白糟蹋大好材料。汁液看似中式琉璃芡，薄而透明，點綴些香草和芒果粒，味道深厚而複雜，使人無由參出內裏乾坤。

這是當晚我最欣賞的菜式。飯後向獻元請教，他說焯魚柳的魚湯，是加了白酒、老薑和八角。汁液的白湯底要收得緊些味纔夠濃，勾個薄澱粉芡便好。至於香草，有蒔蘿、洋紫蘇和香花菜，唐芫荽，都是在園圃自種。再加點葱白，一小撮咖喱粉和應時果粒就成了。

之後是苦麥菜沙律，用的是Beringer 酒莊的紅酒醋，味香而圓潤，沒有尖鋭的酸味，確能一清胃口。

食到這裏，幾位女客大叫吃不消。再上的燒小春雞和馬鞍羊排，都原封不動，但看來仍是非常吸引的。有趣的是，燒雞下的伴菜，雜亂無章。細察之下，見到有炸芋絲、脆炸杏仁、鮮蘑菇、龍眼、水蜜桃和分不清的種種香草。羊排的伴碟也出奇得可以，有洋蔥炒雲耳、炸意大利瓜、番茄炒飯和青菜。

除了幾位牛高馬大的洋人在繼續努力，連聲叫好外，其餘的人已吃到不能動彈。甜食的草莓奶油卷我一口也吞不下，約翰則吃了兩份。他十分滿意，認為這個美食餐既超級而且超值，立刻預定了十日後帶家人再來。

燜蝸牛、韃靼牛肉和清湯，是美食大餐的核心，其他菜式則經常變動。只要靈感一到，獻元信手拈來就是新菜。他的燒土產鵪鶉比燒雞好得多。也曾嚐過他的煎銀元羊柳，既嫩又香，下墊一塊荔浦芋頭，芋頭下有一隻炆透的大木耳，上淋傳統法式紅酒汁。如此配搭，有人或會認為是胡來，絕無紋路，我則覺得實在匪夷所思，萬分佩服他的膽量。

燒雞下的伴菜

畢竟「天壇」是一個小地方的小餐館，不能以大城市之標準作評。那裏有的是質樸無華，不拘賣相，不講排場，不矯扭做作的好菜。他們一家四人（姊姊和嫂嫂）通力合作，守住上一代留下來的祖業，不作他遷之想。

其實以獻元的聲譽和本領，北上舊金山或南下洛杉磯，大可與和富更北克的中法菜，及譚榮輝的唐和番合的東西菜抗衡，雙收名利。難得的是，夫妻二人安份得出奇，敬業樂業，在自己的地方，在眾親友中間，心平氣和地燒他喜歡燒的菜，與世無爭。

又環觀今日的港、亞兩姐，無不以進軍歌、影、視賺大錢為目的。每見紫霞展開燦爛的笑容，像蜜蜂般勤勞穿插在賓客中間，不禁油然泛起滿心的敬意。

在急功近利的社會，能夠認識這麼謙厚、真摯、和靄可親的一對朋友，互相切磋烹飲之事，實在是我和外子的福氣。

# 小住巴黎

**(原文寫作於1993年2月，2002年4月修改)**

以前去了幾次巴黎，每見到市場上的蔬菜、魚、肉和多樣的禽類，頓興下廚之念。但身為旅客，住在酒店內，要親自動手燒飯，實是沒有可能，只得存諸夢想。反正巴黎的食肆，從最高級的三星餐室，到別具風格的小店，比比皆是，一日試一間，此生也試不完哩！

夏天時帶著女兒一家去歐洲，為償宿願，預先在三藩市通過法國文化協會的服務，租好了公寓，地點選在賽納河東岸的第七區。

外孫文翰熱中烹事，有個時期還打算高中畢業後要去法國學燒菜，累得我女兒擔心異常，又不敢反對，只是覺得太早去擇一門「手藝」，未免可惜。何況文翰讀書成績極佳，不愁找不到好大學，萬一入了行而失去興趣，想回頭便太遲了。婆婆做好做歹，答應帶他去歐洲先見識一下，陪他去巴黎的名烹飪學校上個短課。第七區就有四間名校，其中的藍緞帶(Gordon Bleu)烹飪學校更是名聞全球。而且，第七區還是一個美食區，位在「企理街」(Rue Cler)的美食專門店，可說包羅萬有，在我們來看，這個區域實是最理想不過了。

巴黎是我們的第一站，下機後先入住酒店三天，然後乘火車北上。為方便上落，酒店選在繁盛的北站區。這一帶有不少巴黎風味極其濃厚的小餐室，與高級法國大餐室鼎足而立。這些小餐室又分為兩大類：一是中型食堂(brasseries)；另一是小型食店(bistro)。前者規模較大，一定有個啤酒吧，四壁鑲上深色的木板，有磨沙玻璃的間隔，有古色古香的卡座，幾盆室內植物做點綴，不講究排場而重氣氛。供應的多是亞爾塞斯式(Alsacian)的鄉土菜，也有其他地區的菜式，海鮮菜尤其豐富。後者規模小得多，質樸無華，不加裝飾，有些連餐牌也是寫在黑板上，按日更換，食客一目了然。

雖然去赫赫有名、高貴的三星餐室，享受一頓名廚的好菜是巴黎人夢寐以求，但價格實在太高昂，訂位又難，中、小餐室便成了巴黎人的好去處。不論晚餐或午餐，總是堆滿了食客，人人一杯在手，美食當前，不拘儀節，言笑晏晏，熱鬧異常。小bistro的收費比brasseries還要便宜，賣的是法國各地的鄉土名菜，分量又足，屬「大件抵食」之類。我們一家六口，住酒店的時候便光顧這些中、小餐室，每次都吃得很愜意。

回程時遷入公寓，一安頓下來便和外子出去打聽烹飪學校的下落。我們首先按旅游指南提供的地址去「藍緞帶」，豈料蹤影全無，原址已成時裝店，據店員云學校已遷往別區矣。再到另一家與「藍緞帶」齊名的La Varenne，則見重門深鎖，裏面的爐灶、廚櫃東翻西倒，似棄置多時，大門上貼有告示說學校已遷往布根地(Burgundy)。再回到「企理街」，一家學校在放暑假，另一家改為商業管理訓練學校。兩老走得筋疲力竭而不得要領，大失所望而回。

禽類大成

幸而「企理街」名不虛傳。從我們的公寓，走約十分鐘可達，這裏有一家名餅店，大清早便開門，外子慣早起，買麵包餅食的責任便落在他身上。因為太多選擇，餅食尤其五光十色，令人饞涎欲滴，我們試了不少可口的款式，但多食了覺得很膩，寧可改吃麵包。「企理街」又有「肉腸天堂」之稱，肉店同時賣肉醬，肉腸，各式火腿和醃肉。

我喜歡為家人做一大盆黃菌奄列，煎香各式各樣的肉腸，加上新鮮出爐的麵包，把兒孫們餵得飽飽的，好等遊覽時他們不必為午飯擔憂。

打點兒孫出門，我們便去逛街市。巴黎每區都有室內市場，性質等如香港的中環街市，但整潔得多，食物品類齊全，應有盡有。市場在下午一時以後有三個小時的休息，有時我們先去別的地方，到傍晚時順道買菜回家。一日行經巴黎火車東站附近，見到聖君田（St. Quentin）市場，便進去買個痛快，一時忘記計算身上所餘法郎，在禽檔要了一隻Bresse雞，磅後方知帶不夠錢，而銀行早已關門，只好連連道歉。賣雞的和氣異常，還一本正經的把雞端坐在櫃面，讓我拍個全照。

Bresse雞的來頭極大，可算法國雞中極品，腳是藍色的，胸肉厚而細嫩多汁，肉味特佳，烤、燜、煎皆宜。以前住在德國海德堡，常驅車入法國買菜，那時的Bresse雞已經比一般的雞貴上三、四倍，豈料八年後，如此一隻名雞，竟要二百三十法郎，折合約五十美元。有一次在香港半島酒店的吉地士餐室吃過，其他賣法國菜的餐室則未見有供應。

巴黎的禽類特別豐盛。鴿子大似春雞，鵪鶉卻似隻鴿，雞的種類不下五、六種，鴨是肉厚油少，而且還有出了骨的胸肉和腿肉出售。買來醃好放在鑊內煎香，灒點紅酒洗鑊作汁，肉半熟帶紅，風味極佳。

星期天是市集的日子，平日的「企理街」頓時變了臨時露天市場，來擺檔的固然不少，就算本街的店子，也把貨物擺到街上去湊熱鬧。蔬菜十分新鮮，產自巴黎近郊的白菌既肥又大，肉質結實，還勝荷蘭的。水果也是洋洋大觀，蘋果、杏子、桃子、莓類、香瓜、提子等等都美不勝收。巴黎人去完教堂，衣冠楚楚的便去買菜，回家準備一頓好的過週日。

近年巴黎的飲食業新興一個潮流，就是一些三星大廚在自己餐室附近開副店，形式近乎bistro，由餐室的二廚或三廚擔綱，只收正店三分之一價錢，賣的菜式較大眾化，餐單通常寫在黑板上，店小而位子少，但光潔明亮，巴黎人趨之若騖。我們去過夏蕙餐室（Savoy）的副店，廚子十分年輕，菜燒得不錯，一道紅酒鴨胸很有水準，兩人的午餐只費四十美元，在巴黎算是十分便宜的了。

Bresse雞

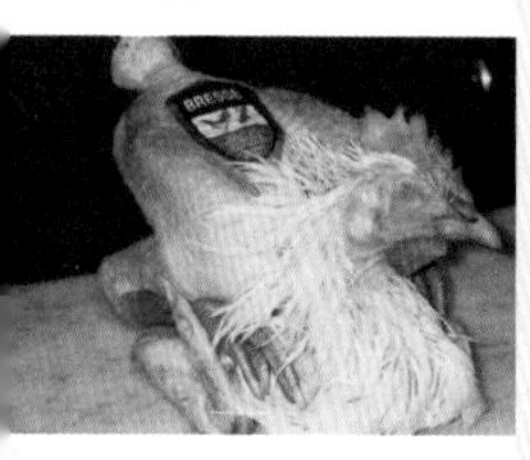

星期日的巴黎市集

鴿子大似春雞

一些旅客，不像我那麼熱心要自買自煮的，可以不逛市場而去參觀大百貨公司的食品部，實行一網打盡。市中心賴發葉(Lafayette，香港旅行團俗稱之為「老佛爺」)公司有個規模龐大的食品部，恰如超級市場，除了購買，客人尚可在不同的檔口品嘗美食。鵝肝醬、魚子醬、餅食、熟食、沙律都可以按份計值，餐酒也可以按杯算數。巴黎人下了班，買完菜順便嘆杯咖啡或飲杯酒，亦一樂也。

這次留巴黎時間只有一星期，沒有去唐人街，也沒有機會試中國菜。我們志不在購物，路過名店視若無睹，兩老每天去公園散散步，在街頭坐下來休息一會，買好菜便打道回府。博物館以前去過不少，這回只去了羅浮宮參觀玻璃金字塔及地下宮殿便算。反是我女兒一家初抵巴黎，日日馬不停蹄，而值得去看的地方實在太多，只好下次再來了。幸而他們游罷歸家，晚飯早備，婆婆是自討苦吃，只求兒孫歡喜，又何須計較呢！

乳酪洋洋大觀

鵝肝醬

# 沙文魚之旅

**（原文寫作於1994年12月，2002年4月修改）**

去年底香港小住後返美，健康情況有很大的轉變。起初是全身的關節發痛，舉步維艱。骨科醫生的診斷認為是脊椎老化，無可救藥。經過長期的物理治療，迄無起色，而服了霸道無比的止痛消炎藥，連胃也累壞了。後來因腸胃劇痛送醫院急救時又查出我的膽內長了一大群的小膽石，非及早全膽割除不可。

麗歌公主號

本來答應了兒孫們大家一起再去歐洲一個月，但因我行動不便，卒於改了乘船去阿拉斯加，船票在半年前便訂好了。雖然現時美國人都流行「遊船河」，我們一向不肯隨波逐流，反而喜歡自行計劃旅程，食住行都不必受人擺佈，尤其是大部分時間被困在船上，一天到晚吃個不休的，對我和外子的健康都沒有好處。奈何行不得也，兒孫們又如此遷就，只好把手術延期，好趕上八月底本季的最後一程。

我們乘搭「鐵行輪船公司（Pacific and Orient Co.）」旗下的麗歌公主號（Regal Princess），是該公司「愛情船（Love Boat）」系列中最大、最新的（當時是）一艘。我們先乘飛機到阿拉斯加的安可芮治（Anchorage）轉乘巴士到海邊登船，向南沿岸航行，航程一共七天，最後在加拿大溫哥華上岸。鐵行的郵船向以豪華見稱，飲食豐美，節目多采，服務週到，口碑極佳。我在起程前已向船公司要求供應低脂肪膳食，希望能盡量小心飲食，免得在海上出事。很幸運，在第一頓晚餐時便和管侍接洽好，每晚飯後他會來為我點好第二天的菜，最大的問題就此解決了。

船離岸不久便出海，第一個目的地是冰河灣（Glacier Bay），也是全程的旅遊重點。經過一夜還算捱得住的風浪，早餐時船已離海靠岸而行，高高低低、大大小小的冰河，觸目俱是，但大家知道最壯觀的尚在前頭，不大起勁，只是邊吃邊看的。

阿拉斯加是美國最北的一個州，境內冰河，覆蓋面積逾三千平方里，其中以冰河灣的冰河為最大，而景象最奇偉。冰河是兩極地或高山地區沿地面運動的巨大冰體，由降落在雪線以上的大量積雪在重力及巨大的壓力下形成，有些早在一萬年前已經存在。冰河會不斷地移動，速度緩慢，由每年幾米到幾十米，直至移到近海的地方，冰塊便如雪崩地墮下海去。當我們的船慢慢駛進冰河灣時，大家都跑到船頭去，眼前只見聳立着的冰崖，連綿不絕，藍色的、珍珠色的，簡直瑰麗無比，心中霎時頌讚上主造物的奇妙。忽又聽到遠遠傳來隆然巨響，卻是一堆堆的雪塊從山上掉下海中。這邊沉寂了，那邊又塌下來，像雷聲，也似驚濤澎湃，真把我們看呆了。船停後，冰河灣國家公園的守護員登船為乘客講解冰河的成因和阿拉斯加冰河的梗概，等同上了一堂地理課。守護員說下午五時離船，大家都爭着去看他怎樣回到他那艘小船去，可是有人說他已走了，於是一哄而散。

冰河壯麗

冰河近貌

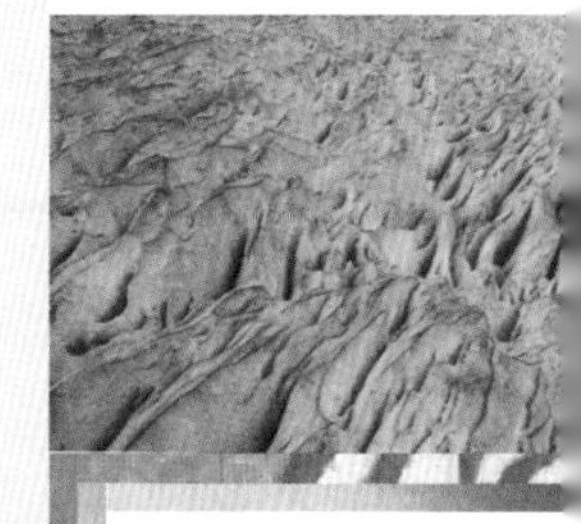

行程多是夜航，白天泊岸。岸上有很多特別的旅遊節目由船方安排，任人參加，是另付費用的。兒孫們每天都有活動，諸如坐直升機去行冰河，划獨木舟，遠足等等。我只選了兩個遊覽節目，一是去阿拉斯加首府附近的沙文溪，看沙文魚（Salmon，鮭魚）作尋根的掙扎，另一是去參觀印第安人的圖騰公園。很可惜天不造美，除了看冰河那天是放晴外，其餘六天都下大雨。幸而到沙文溪時雨還不算太大，打著傘也可站在溪旁看個清楚。

阿拉斯加州的石油、稀有金屬及金礦蘊藏甚豐，而最受人注意的卻是漁業。在太平洋捕獲的阿拉斯加沙文魚佔全世界自然生長沙文魚產量三分之一，而大西洋出產的沙文魚多由人工飼養，自然生長的為數甚少。沙文魚屬溯河產卵魚類，生長在淡水，長大後入海生活，產卵時會回到自己出生的地方。它的一生，非常奧妙，在茫茫大海中，竟然可以找回入海前的路，絲毫不誤。據研究沙文魚生態學者稱，當沙文魚幼時離河入海時，會一一銘記沿路經過的植物和礦物的特有化學氣味，這種本能叫做「順序銘刻(sequential imprinting)」作用。至於它們怎樣在海中覓路則較難確定，一說謂沙文魚會依太陽、月亮，星辰及地球的弱磁力而戈游，但這些都是人類對魚類的臆測，真實情況只有上帝知道。

沙文魚在海洋中長大至可以散卵時，它們會依著倒過來的「順序銘刻」，尋回所來自的河流。沙文魚的敏捷、不屈不撓的天性，注定它們一世要掙扎。有些在大海生活了一年便會溯河產卵，有些則等到 三、五年後。它們養精蓄鋭去作傳宗接代的偉業，不畏艱辛地躍過重重障礙，一級、一級地力爭上流。每年八月是沙文的產卵季節，它們破萬難尋到了自己的故鄉，找一個安全而隱蔽之所挖個洞，或者在河床的碎石間產卵，讓雄沙文魚來授精，再找些小石把卵子蓋起來去避免其他魚類的吞食。沙文魚至此天職已盡，也就力竭身亡。一條十磅重的沙文魚，約產七千多個卵子，到第二年春天，卵子孵化成尚帶有卵黃囊的幼魚，依賴卵黃的供養，一直到卵黃的養分耗盡便成魚苗，此後在河中成長，兩三年後纔入海。在弱肉強食的環境下，大部分的幼魚都被其他的河魚食掉，得以倖免者無幾。入海的魚苗幾經困難方能長大，但不久又要像它們的祖先一樣尋根，拼搏，延續後代，至死而後已。

三文魚由銀灰色變為金紅色

船在阿拉斯加首府尊努(Juneau)泊岸，我們乘巴士到二十里外的沙文溪，遊覽票子除了交通和導遊，還包括一頓任食燒沙文魚的自助午餐。抵達時細雨紛紛，寒氣徹骨，溪邊的露天燒烤場已放出強力的暖氣，我們挑了一張靠近暖爐的桌子坐下來。是日供應的是古法燒皇帝沙文魚(King Salmon)，算是阿拉斯加土產沙文魚中之冠，以其肉色鮮紅、肉厚油多、豐腴甘美見稱。爐火是用白楊木炭，燒起來冒出特別的香氣。沙文魚切成大大的一塊(約重一磅)，去骨留皮，不加醃料，只灑些鹽和胡椒粉，放在烤架上燒至皮脆肉嫩，兩面掃上混入了黃糖的植物油，再燒至微帶焦香，風味確是不凡。聽說這是沿襲印第安人的原始燒烤方法，只是因為大量供應的關係，本來用木夾著整條開邊的魚，掛在金字塔式的木架上，下面生火來燒的，現在只好簡化手續了。

我們在美西平日吃到的沙文魚，都是經過長途的運送及重重的保鮮手續，方從原產地運到市場，新鮮的程度勢難與即捕即燒即食的可比。而且在燒烤架上的魚，每塊取自魚身不同的部分，燒的火候亦塊塊不同，隨人選擇。這種自然烹調法，遠勝名廚慎重刻意的料理。我選了一塊近腩的，明知不應吃脂肪，但千載難逢的機會，豈容錯過！那是我有生以來吃到最美味的沙文魚，香、滑、甘、腴俱全，燒得香脆的魚皮，更是一絕。

沙文魚最受人欣賞之處在於肌理之間有一輪輪的脂肪，所以肉質嫩滑，味道甘美，屬高檔美食，價格絕不便宜。由於漁民連年濫捕，而沙文魚由海入河時所經的水道受到不斷的污染，本來已要破萬難方能還鄉，再加上人為的災害，沙文魚日少一日。政府又為了發展水力發電，在很多河流水急的地方都築了水壩，於是阻擋了沙文魚還鄉之路。雖然在水壩旁加築了有助沙文魚上溯的爬梯，讓它們一步一步跳躍至上游，仍不及沙文魚自身掙扎的效果。在拉斯加農業部大力挽救下，近年沙文魚產量竟然逐有增加。

燒烤三文魚

我們飯罷信步至溪畔。為方便觀魚及防止意外，燒烤園沿溪築了有欄杆的高台，遊人下瞰溪中，只見游魚無數，但兩岸遍佈沙文魚的屍骸，這些就是鞠躬盡瘁，光榮完成使命的一群。在溪的一頭是個瀑布，高約數十尺，另外一群精壯的沙文魚，正在瀑布前奮不顧身地彎着身子拍拍的跳，跳不上，掉下來，再跳再掉，直至躍登上游故土，雌的散卵，雄的去授精，這時沙文魚美麗的銀灰色身體，變了全紅，貯藏的養分日漸枯竭，生命接近尾聲，奄奄待斃，且變成別種生物的養料，維持生態的平衡。我在溪畔徘徊，心中滿是蕭索落寞之情，本是乘興而來的，卻傷感而返。

沙文魚固然是西方美食，在營養學上的價值更不容忽視。所有海魚都含有一種叫亞米加三號 (Omega-3) 的多元不飽和脂肪酸，多食可以減低血液在動脈內凝固，因此可以防止心臟病發。近年有幾個很重要的研究，證明了愛斯基摩人和日本人有很低的心臟病發率，與他們多食深海魚類有關，而沙文魚正是供給亞米加三號脂肪酸的好來源。

沙文魚不適宜在溫度較高的水中生長，所以香港人能吃到的全是外來，主要是從加拿大、蘇格蘭及挪威等地空運到港。在日式超級市場有未經急凍的出售，因為多作刺身之用，質素及鮮度俱佳，此外利華食品店也經常供應。大昌食品公司的急凍貨來自加拿大，肉質較乾，但沙文魚頭則甚受香港人歡迎，沙文魚頭煲還是個流行的菜式哩！中國東北也產沙文魚，稱大馬哈魚(或大麻哈魚)，但甚少在香港市上見到。

蒸三文魚頭腩

畢竟沙文魚是西方作料，難得中廚的青睞。香港人認為游水海鮮纔是上品，所以甚少好的中式沙文魚食譜。我們很幸運可以常常吃到沙文魚，今年的價錢十分相宜，減價時整條的每磅不過三美元，以此價格在香港只能買到雜魚而已。我常會買一條四、五磅重的，先用蒜茸、豆豉加些舊陳皮搗成醬，鋪在魚頭，魚腩和魚尾上放入微波爐去蒸，既省事又和味，甘香之至。其餘的橫切成塊，以鹽醃過夜，煎香留起來，食時番熱。煎熟的沙文魚可以拆肉與沙律醬同拌，夾三文治吃；又可用蛋白、麵包糠、芫荽、葱調在一起，煎成一個個的小餅，十分香口。甚至澆個甜酸茨亦佳，食法多樣，各家各法，不過很奇怪，沙文魚不受薑，若要辟腥，用些胡椒粉便可。

# 巴塞隆那之食

**(原文寫作於1997年9月，2001年12月修改)**

本年六月底我們和女兒及女婿乘鐵行郵輪太平洋公主號旅遊地中海五個國家，航程始於西班牙的巴塞隆那，以意大利的威尼斯為終點。我們在未登船前，在巴塞隆那逗留了三天，看了不少，可惜吃得不夠。

巴塞隆那位在地中海的西岸，雖説是現時西班牙最興旺的城市，其實在歷史上，它曾經獨立，現仍保存自己的語言和風俗，與毗鄰的法國南部十分相像。在飲食方面融合了西班牙和法國的傳統，海鮮菜饌尤其突出。

巴塞隆拿老城市場

## 小食是西班牙飲食的特色

市內有舉世聞名畫家畢加索(Picasso)、米羅(Miro)、達里(Dali)的博物館。市中心有老城，大部份的建築物建於十三至十五世紀，古意盎然。這區有一條很特別的街道叫Las Ramblas，是遊客的集中地．街之中央只供步行，小販在兩旁整齊地擺檔，最多的是花檔，檔後有很多大樹，樹以外纔是行車的馬路。這是巴塞隆那最繁盛的地方，酒吧式的小餐館林立其間。當地人閒來流連在館子內，一杯在手，享其本土風味的開胃小食(tapas)。我們抵達的第一天是公眾假期，全市所有店舖及博物館都關門休假，連步行街的攤檔也不例外，實是無事可做，只有小餐館營業，我們於是一家一家的去白相一回，吃頓午飯。

這些既是餐館又是酒吧的小店子，佈置都大同小異，店內兩旁擺滿小餐桌，當中是一個U形的櫃檯，放置一盤一盤的下酒物，美不勝收。食客可沿著櫃檯隨意挑選，按物計值。有一家標榜三十二種小食，包括火腿件、蒜燜豬肉、酸紅腰豆、白煮馬鈴薯配洋芫荽、火腿香腸煮芸豆、馬鈴薯煎蛋、醃蘑菇、干邑煮魚配蟹肉、白酒炒腰子配洋葱、青豆及甜紅椒、蒜茸炒蝦、肉末煮雞塊、煮鱈魚乾、蛋、洋葱、貝殼類海產同拌的冷盤、小肉丸、辣甜椒、醃黑橄欖、炸麵包粒、蒜燜鹹鱈魚、端拿魚酥角、小紅腸炒青椒、醃酸椰菜花、燜鵪鶉、辣汁蝸牛、燴牛肚、醃甜紅菜頭、番茄洋葱燜豬手、牛仔肉釀青椒、油爆小鱔、茄汁大蜆、連墨汁小墨魚、蘑菇馬鈴薯炆雞、燜野雞等。單子長得很哩！

我們找了一家比較清靜的坐下來。這家的小食種類不算太多，總有近廿種，菜式別具一格，很多當地的食客只點食火腿片下酒。原來西班牙的素蘭奴(Serrano)火腿十分有名，中段部分切成紙般的薄片，客人用手拈起便往嘴裏送，喝的要不是啤酒便是些利(Sherry)酒，或者一種用紅酒、拔蘭地酒、果汁和梳打水混合的飲品叫Sangria。素蘭奴火腿包卷地中海白色蜜瓜更勝用意大利巴馬火腿包皺皮瓜。我們除了小食，還點了傳統西班牙海鮮飯(paella)，現點現做，端上桌時香氣騰騰，大大的一盤，紅花粉把飯染個金黃，面上鋪滿龍蝦、蝦、蜆、青口、墨魚、香腸、雞塊、豬肉塊、並點綴些青豆和紅椒。飯是煮個僅熟，很有咬勁，這道飯菜，作料豐富，根本可供兩三人一餐之用。

午餐後我們到好幾個大教堂參觀，印象最深刻的是西班牙怪傑建築師高第(Gaudi)所建的大教堂，設計傳統及現代兼備，是遊客必訪的重點。到晚飯時分我們步向海傍，那兒的酒吧餐室與步行街的又有不同，專供應海鮮小食，可以堂吃也可以外賣拿到店外海邊的長木椅坐下來吃，在晚風中，在夜色裏，意境尤佳。炸物中有一種很小的沙甸魚，長只有一英寸左右，外裹軟麵糊，炸得甘香酥脆，加些鮮檸汁，更覺可口，用來送啤酒，直是一絕！

酥炸小魚、魷魚和墨魚圈

## 買到魚翅瓜種籽

第二天市容恢復正常，店舖相繼開門。行路街遊人如鯽，兩旁的攤檔真是五光十色，賣藝的也使出混身解數，好搏賞錢。花檔的顧客多是本地人，我們在一檔兼賣花種的竟然看到有魚翅瓜種籽出售(因美國最大的種籽公司也不賣魚翅瓜種籽)，立刻買了兩包。問主人此瓜如何食法，説是用來作酥皮點心的甜餡子云云。我們希望得到這些好種籽，明年春天便可下種了。

在步行街的中段有一個歷史悠久的食品市場(街市)，建築古舊，裏面的檔子售賣果蔬、肉類、禽類、海產及野味等等，真是應有盡有。一進門的左邊就是賣火腿和香腸的檔子，掛滿了整隻的素蘭奴火腿，也有按品質分切成塊出售，最上等是中段，價格絕不便宜，每公斤索價四千西班牙元，約合三十美元。素蘭奴火腿被推為最佳火腿，肉質細嫩，味鮮香而不鹹，入口了無渣滓，這當然與西班牙豬肉的質素有關，但因為醃製地在亞巴哥(Jabago)的高山地帶，火腿藉着寒冷的天氣風乾，風味特佳。Chorizo豬肉香腸也是遠近馳名。肉檔有掛起的整隻乳豬，據説乳豬出生三星期後便可出售，重約六磅。西班牙人把乳豬放入燒木柴的爐中烤香，與我們的燒乳豬不相伯仲。

素蘭奴火腿

## 西班牙海產豐富

西班牙在地理上除了東北一部分與法國相鄰，三面環海，算是個半島，海岸線長，所以海產特別豐富。市場內的魚檔貨真多，「鮟鱇」魚(angler fish，又稱和尚魚monkfish)是西班牙的特產，肉質似龍蝦，味鮮甜，還有樣子各各不同的比目魚和石班魚，沙甸魚有大有中有小，其他的魚類數不清那麼多。蝦的種類也不少，有殼呈火紅的，有青色的，大小不一，龍蝦是大螯的，蟹的殼呈紫色，樣子很難看，頗像我們在巴黎吃到的。蜆和青口十分普遍，這些魚檔不似香港街市的那麼濕漉漉，買客大可優悠地駐足而觀。很奇怪，所有魚檔都由年輕的女性掌管，個個笑容可掬，一景也。

## 地中海果蔬品類多

賣野味的有野豬、野兔、野鴨、山雞、雉雞，還有很多不知名的飛鳥，蔚為奇觀。賣家禽的陳列整齊，肉檔也是一目了然，任客挑選。最吸引人的是鮮果檔，排列得像個小山。因為西班牙乾燥的氣候和高低不平的地勢，適宜種植不同品種的水果，從各地的果園、葡萄園與農莊，每天運到巴塞隆那市場出售的，諸如提子、橘子、蘋果、無花果、棗子、桃、李、杏、西瓜和多種蜜瓜，甚至來自黃鶯島的香蕉，洋洋大觀。巴塞隆那近郊出產一種草莓，外皮特別薄，一觸即破，所以要用野草墊着籃子來盛載，大大的一籃，極之可愛。蔬菜也是十分新鮮和多樣，當地的農人將自己的產品帶到市場後面就地售賣，價格比在裏面來得便宜。只需在這個市場巡禮一番，便可見當地人的飲食狀況。

## 奧運村的海鮮大會

一九九二年奧林匹克運動會在巴塞隆那舉行。賽事完畢後，選手住的世運村改為民居，比賽場地外建了櫛比鱗次的餐館，附近又有酒吧和的士高，是個遊客區，所有餐館都專賣海鮮，家家在門外搭起帳篷，燈火通明，食客如雲。我們乘的士抵達時已有人滿之患．坐下來環顧四週，只見待者捧著大盤的海鮮經過，我們由管侍指導點食，他極力推薦一種蟹，外貌不揚，但他認為非食不可。我們姑妄從之。這盤海鮮大會計有明蝦兩種各一打，蜆兩種，每種一打，青口最多，約兩打。盤之中央是那隻醜蟹，蟹旁有一小杯用蟹膏和白汁混和成粉紅色的醬汁，是用來蘸蟹的，其餘的一大塊蟹膏原裝上。另外有生蜆一打，是前菜。

海鮮大會

這海鮮大會聽來沒有甚麼稀奇，但逐一品嘗時便發覺有意外的收穫。生蜆的特色是爽脆清鮮。醜蟹的肉乏善可陳，倒是那些蟹膏，尤其那不加白汁的，鮮美之處，非筆墨所能形容，難怪那管侍這麼熱心推薦。兩種蝦各有千秋，深紅色殼那種是灑了鹽明火燒烤的，蝦油四溢，香氣撲鼻，蝦頭豐腴甘香，蝦肉脆嫩，得未曾有。另外的一種是用香草煮的，與燒的相比便大為失色了，但仍然非常鮮嫩可口。蜆分大小兩種，肉質均細嫩鮮甜，與大小無關。青口特別嫩。我們四人吃了這麼一大盤海鮮，仍意猶未足，見鄰桌有一人在吃炸小魚，另一人吃炸小魷魚，又另一人吃炸魷魚圈，這些都是主菜，我們實在不能盡試，問管侍(只有他懂英文)可否來個三合一，結果得償所願。炸小魷魚很奇妙，整條魷魚連鬚只得寸來長，掛了軟漿炸脆，香嫩鬆酥，忒是美食。炸魷魚圈便沒這麼有趣了。外子堅持要試一道魚菜，便點了富地方風味的燒和尚魚，但不見得比巴黎的出色，可能大家都過飽了！我們離開世運村，時間已不早，但興旺如晝，的士高酒吧仍塞滿了青年人。

翌日早餐後參加了船公司組織的環市旅遊，三個小時走馬看花，值得看的都經過了，惜不能停留欣賞，引為憾事。短短三天，有很多應看而未看，應吃而未吃的，我和外子都覺得非要專程再來一次不可，屆時還可以到馬德里和葡萄牙里斯本等地暢遊一番。晚飯後船上有一場西班牙舞(flamenco dance)是公司特別安排的，服裝艷麗，舞術精湛，娛樂性極高，算是遊巴塞隆那的插曲。以後兩個星期的航程，就算在意大利，吃的印像也不如這三數天哩！

巴塞隆那一景

# 羅馬食緣

**(原文寫作於1997年11月，2002年4月修改)**

羅馬噴泉

古羅馬紀念碑

今夏乘郵輪遊地中海時，有一天是停泊在意大利羅馬附近的港口，我們參加了由船公司安排的遊覽節目，絕早便坐旅遊巴士進城。要在短短一天內看完羅馬的古跡，實在沒有可能，我們只好按圖索驥，快步當車，希望在上午的自由活動時間，在市中心多走幾處名勝，到下午方由旅遊巴士帶我們去較遠的地方。

遊覽費用不包括午膳。我們明知羅馬有很多著名的意大利餐館，但時間如此緊迫，決無法悠閒地好好享受，所以便抱着見到有像樣的餐館就進去的心情，吃飽了事。我們的確行得很累，巴士卻停在河邊，回程時沿路都是時裝精品店，只有一兩家供應快餐的小食肆，心中極不忿氣去吃那些比薩薄餅一類的東西，便繼續一步一步前行，到巴士已然在望，忽然見到一家外貌頗為古舊的餐室，招牌掛在不當眼的地方，名為Alfredo（亞法哩度）。店子剛開門，我們是第一批客人，黑沉沉的，不似有甚麼來頭，但我們已到無可選擇的地步，決定進去，若再東挑西揀，到頭來一定會捱餓，諒這間古老餐室能撐到今天，想必有幾度板斧。

## 名店名菜，歪打正著

餐單有英文註釋，想係方便遊客。我點了蜆和野菌會意大利麵，外子點羅馬式煎牛仔扒。想不到我這盤麵，好得難以形容，野菌是剛合時令的牛肝菌(porcini，學名 Boletus edulis)，用橄欖油和蒜蓉炒得恰到好處，加了約十來個很新鮮的蜆同煮，拌入手製的螺絲麵，牛肝菌香滑，蜆肉嫩而味濃，最值得圈點的是那些新鮮手製麵，煮得恰熟而猶帶咬勁，正是意大利人所要求的 al dente (即是咬下去要有彈力，不能煮軟)。整盤麵出乎意料地好吃，滿意之極。

外子的煎牛仔扒，是羅馬的名菜。牛仔扒切薄，加胡椒鹽調味，在乾麵粉內一拖，上鋪一片巴馬火腿，用牛油及橄欖油煎至僅熟便上碟，再淋上羅曼奴(Romano)芝士汁，火腿的香，配起軟滑的肉扒，饒有風味。意大利牛仔肉的質素在歐洲甚為出色，實不需用任何複雜的烹調技巧來彰顯它的優點。我們真有踏破鐵鞋無覓處，得來全不費工夫之感。結帳時女主人來寒喧一番，外子看到帳單時，忽然靈機一觸，問女主人此店與源自羅馬的名菜Alfredo Fettuccine (亞法哩度式意大利粗麵條)有甚麼關係？女主人微笑答道：「這正是我祖父所創，店子也是他傳下來的！」這一下我們歪打正著，也算是羅馬奇緣。

牛肝菌

## 名菜竟是「菜盤上迸發的心臟病」

亞法哩度式意大寬條麵的做法著重汁液，可加火腿，煙肉，雞肉或火雞肉，配任何雞蛋麵條都可以，主要是汁液的作料，用雞蛋黃，淡忌廉，牛油和巴馬山芝士(Parmesan Cheese)煮成一個非常濃厚豐腴的汁，入口甘香。在美國的意大利餐室無一不供應這道麵食。及至三年前，在華府的不牟利機構、「公益科學中心」，做了一個研究報告，批評亞法哩度式意大利麵含飽和脂肪太多，吃了有害，簡直是「菜盤上迸發的心臟病」。本來那時正值地中海式的飲食模式大受美國人歡迎，被這班毛遂自薦的「健康警察」當頭一棒，大家不無戒心。雖然我們看到菜單上有這個菜，也沒有點吃，以致名菜當前，也失之交臂。

翌日郵輪在海上航行，有烹飪示範，由船上的意大利廚子擔任，示範了他本家馳名歐美的亞法哩度式麵和煎薄牛仔扒配馬沙拉酒煮的汁液。這兩道都是十分簡單的菜式，沒有竅門，人人在家可做。惟是煮麵條的汁液，的確要用很多高脂肪的奶品，例如拌一磅麵所需的芡汁便要用六個雞蛋黃，兩杯淡忌廉，兩安士牛油，四安士巴馬山芝士。雖然整份可供四至六人食用，但平均每人攝入的動物性脂肪量實在不少，「公益科學中心」的警告，未為無因。至於牛仔肉扒，最主要是將肉扒壓薄，煎一煎便成，就算煮汁液，也很簡單，加在煎牛仔扒的傳統汁液有很多種，隨人配搭。除了芝士汁和馬沙拉酒汁外，牛油檸檬汁也很可口。

## 牛仔肉是甚麼？

現時在香港，牛仔肉並不普遍，雖然意大利餐館經常有煎薄牛仔扒（Veal Scallopini）供應，是意餐的主幹，但在市場上仍未見有牛仔肉出售，市民對牛仔肉缺乏認識，甚至某報的飲食專欄作家竟武斷地說牛仔肉為一出娘胎便屠宰的嫩牛的肉。其實牛仔肉是還沒有斷奶的小牛的肉，上佳的品種來自兩個半月至三個月大，純用牛奶飼養的小牛，肉呈粉紅而微帶淺綠色。小牛一長過了這個日子，若餵以固體食物，肉色便開始變紅，便不能稱為牛仔肉了。牛仔肉在英國遠不若在其他歐陸國家那麼普遍，有一個時期，還有人懷疑這些淺色的牛肉是屠宰生病的小牛得來的哩！中古時期，牛仔肉一稱「泡沫肉」，是病人的戒口食物。歐陸國家缺乏可供放牧牛羊的草原，及早屠宰節省成本，實在言之成理。目前最佳的牛仔肉和菜饌都非歐洲大陸莫屬。

牛仔肉比牛肉所含脂肪較低。100克改淨的牛仔肉含 6 克脂肪及熱量168卡路里，同重量的牛扒肉則有9克脂肪及211卡路里。雖然在飲食健康上來看，吃牛仔肉比牛肉有益，但美國人嫌其肉味不足，且平日在超級市場上出售的牛仔肉，飼養時間較歐洲的長，肉色也較紅，肉質因而粗糙得多，銷路遠遜普通牛肉。

## 牛肝菌更勝肉類

說到我那盤麵的牛肝菌，四月的歐洲，牛肝菌已開始上市，季節一直延到六月底，我有幸剛好吃到。雖然身價比法國黑松露菌更要高的意大利白松露菌纔是意大利美食之最，但不是普通人能負擔得起，所以一般意大利人心目中的「菌中之王」，仍屬牛肝菌。它有特殊的香味，絕非其他的菌類可比。新鮮的牛肝菌質地脆、嫩、滑兼而有之。意大利人用橄欖油、蒜茸一炒，便有原汁溢出，調味後再拌入牛油成一濃厚的稠汁，此時若加入煮得恰到好處的麵同拌勻，風味比肉更勝。牛肝菌富含谷氨酸，是天然的提味劑，而且營養豐富，熱量低，又可降血壓，抑制膽固醇，是合乎健康的食品。

北美洲從加拿大卑詩省一直沿岸往南到美國華盛頓州、俄勒岡州、加利福尼亞州都有野生牛肝菌，但產量不多，一磅價約在二、三十美元不等。在西班牙及東歐的匈牙利，南斯拉夫等國家都有生產，以波蘭的品質最佳。中國雲南也有牛肝菌。可惜上述這些產菌國家，因保存有問題，現時仍未有善法可以將鮮牛肝菌外銷。

我是個菌癡，凡菌我都喜愛。九二年為了要找尋雞㙡菌，特地隨外子老遠跑去雲南昆明。原來這菌在雨季來臨時，生長在白蟻丘上，當時剛值六月，應是雞(㙡)出土的時節，很不巧那年乾旱，雨季來遲，我們竟撲了個空·幸而吃到了好幾種當地的鮮菌，總算未虛此行。臨上機前，在農貿市場見到土人出售手掌般大的牛肝菌，籃中只得約一公斤，我喜不自勝，立刻全部買下。一回到香港的家便即行處理，修淨切厚片，燒紅鑊下油爆香蒜蓉炒之，灒些酒，加一點糖和豉油調味就是一盤珍饈，夫妻二人據案大嚼之情景，至今難忘。

不過，若說到香味，還是要推乾的牛肝菌，尤以歐洲的的最佳。我們今年遊羅馬後，在意大利的素蘭土(Sorrento)，買到樣子十分新鮮的乾牛肝菌，想係應季的新貨。我最愛吃豆製品的孫女前兩天放假回家，我特為她做了素燒鴨，攤開腐衣排上切碎牛肝菌，掃上蝦子和菌汁，卷起後煎香，加雞湯煮軟，用重物壓平成塊，讓她帶回學校去。很好吃！

註：在香港如要買乾牛肝菌，可到利華食品專門店(Oliver's)或城市超級市場(City Super)。

# 再住巴黎與布列斯雞

**（原文寫作於2002年11月）**

一九九二年夏，我和外子帶著女兒一家遊歐州，為要償在巴黎買菜燒飯之願，在賽納河南第七區租了一個公寓，先後住了十天，每天逐個街市去逛，買得開心，煮得更開心。一直想要買隻世界馳名的布列斯雞 (le poulet de Bresse) 來試試，到離開巴黎的前一天，路過北火車站的街市，向賣雞的要了一隻布列斯雞，付款時發覺這雞竟然那麼貴，我身上帶不夠法郎，賣雞的又不肯收美金，尷尬得很。幸而他並不生氣，反而把雞端坐在櫃面，讓我拍個照 (見本書「小住巴黎」一文) 。

機會錯過了，心中留了個結，失望回家。

一幌十年，再沒有興緻作較長程的旅行，有之，只是每年坐一、兩次郵輪，雖然一家大小仍可以一起，但少不免要受郵輪的岸上觀光節目所限，完全沒有選擇自由，遑論買菜燒飯！況且自一九九八年起，外子每年都有一半時間從美國回香港中文大學教通識教育課程，經過十多小時長時間飛行，早已懶得再出門了。

去年六月在萬里機構的新書發佈會上，認識了與拙作《粵菜文化溯源系列》同時出版的《郭偉信之美酒佳餚》的作者郭偉信。我和他一見如故，很談得來，自此便多了一位忘年交，時相過從。得知他除開餐室，寫食譜，教烹飪，品酒評酒之外，還兼任很多公益事項，攬得滿身義務，其中以擔當世界性的「慢食行動Slow Food Movement」香港分會的負責人最為吃力不討好。他送我幾本該會以「慢Slow」為名的季刊，細心詳讀後，我覺得這個運動意義深遠，自動入了會。適逢今年是以「保衛生物物種多元化(Protection of Biodiversity)」為主題，在意大利的慢食行動大本營都靈(Turin)舉行頒獎大會。香港的會員本來便不多，肯遠路迢迢去意大利與會的人更少，我和外子為了拓展一己見聞，決定參加，偉信的媽媽莉莎Lisa也決定同行。原先我們打算直飛都靈，但偉信提議我們先到巴黎住幾天，可以買菜燒飯，然後去意大利，回程時又再住兩三天方打道回香港，大家住在巴黎十六區偉信的公寓。

在中文大學我有一班志同道合的烹飪朋友，每年聚會一次，每家人負責一兩道菜，等同分組「到會筵席」，也邀請過偉信和莉莎來參加，他們可算是曾經與我合作的燒飯夥伴。我一聽到有菜可買，有飯可燒，頓時份外精神，一口答應繞道巴黎去也。

巴黎全市分成多個區，每區都有一條「食街」，沿街精品食物店林立，附近還有大型超級市場，也有傳統的街市，要買甚麼，應有盡有，但同一種貨品，價錢是精品店的最貴，街市次之，超級市場最相宜，貨品也較集中。如欲買魚鮮，當然非街市莫屬了。

下機時是十月十九日早上，安頓了行李便立刻去買菜燒中飯。我正在寫一本菌的食譜，今年回港時雲南野生牛肝菌季已過，若要等下季，出版期便要推遲一年，但歐洲菌季仍旺，我一見到菜檔上陳列各種不同的野菌，如獲至寶，立刻買了一公斤的牛肝菌和一種叫羊耳菌的。偉信在魚檔挑了一條多寶魚(turbolt)，剛剛是他的煎鑊的大小，再買些香草、牛油和濃忌廉(cream freich)，又到巴黎現時最流行的古法麵包店買些純麥麵包，便夠一頓極豐富的午餐了。偉信一年之中只回巴黎三、四次，恰好家中的冰箱壞了，來不及修理，只好復古，餐餐「落街」買「餸」。

法國烹飪專家教人鮮菌不宜用水洗，鮮菌含水分有75%強，再加水沖淨，原味也隨之失去。偉信和Lisa合力清理多月不用的廚房，我則專工用小擦把菌上的泥土掃淨，切厚片。一切停妥後偉信司廚，先用海鹽(法國廚子認為海鹽sea salt是最佳的調味品)醃魚，欖油下鑊把魚兩面煎香，鏟出後拭淨鑊。此時加油把菌炒軟，倒下約一杯濃忌廉煮成汁液，下鹽調味，把魚回鑊，煮片刻便上桌。至於牛肝菌，那就更簡單，洗淨鑊，加牛油，倒下牛肝菌急炒至軟，海鹽調味後撒上碎香草便可供食。

午飯後偉信和Lisa因事外出，我們留家休息，黃昏時他們纔回來。莉莎要去唐人街吃越南粉，巴黎的越南菜一向著名，我們自然樂得去嘗試。晚上的唐人街十分熱鬧，只見最有名氣的牛肉河粉店門前長龍大排，歐亞人等擠在一起，我們站在冷風中候了很久，坐下時覺得特別暖和而且肚子很餓。他們三人都要生熟牛肉湯粉，獨我要雞湯粉以作比較。我家在美國加州的聖河西市，是越南移民的聚居地，以前市中的唐人街，現已由越南人佔據，華僑迫得遷店為良。我們偶然也會到充滿越南氣氛的小店吃牛肉河粉(pho)，認為頗具特色，但一與巴黎的比較，便覺稍遜一籌。河粉是與越南香草同上，在熱烘烘的湯內，把鵝帝(一種十分芳香的越南香葉)慢慢撕下，細細品嘗，真是別有閒情。越南河粉以湯取勝，牛肉湯清而味濃，雞湯則味清，兩者下了河粉仍不損湯的真味。河粉的質地和粗幼是介乎我們的米粉和沙河粉之間，與河粉同上的扎肉片有點法國大肉腸的影子，但味道純粹是越南的，頗受亞洲人歡迎，我一向不太欣賞先行醃製的肉食，不想單憑個人的價值觀去批評。

巴黎Entrecote餐室前留影

我們還點了春卷和蒸粉卷。越南春卷之所以獨特，在於用米紙做的春卷皮，餡子有豬肉粒、蝦肉粒、蟹肉和木耳，再加上甘筍絲、浸軟粉絲、乾葱絲和蒜茸，全都炒在一起。米紙先噴些水使軟，便可包餡成春卷，可炸或者不炸。食時把炸的春卷放在生菜葉上，加一棵薄荷葉，包起來吃，蘸魚露酸汁與否，隨人喜好，不炸的包起便吃，正合口味清淡食客的要求。蒸粉卷的皮子也是米做的，餡子用沙葛、木耳、冬菇和豬肉，除了皮子透明爽滑外，其他不見有特別之處。

吃完越南河粉，我們到香榭里大道蹓躂。週末晚上遊人如鯽，車水馬龍，忒像一條長銀帶。我們行經牛扒屋Entrecote，內裏座無虛席，再不遠便是Alsace餐廳，也擠滿了人，偉信說這兩家餐室分別是他在香港的W's

Entrecote 和W's Alsace 餐室的藍本，很可惜後者已在去年結束營業，在今日香港的經濟不景下，實是無可如何。一路上遇見很多衣著入時之仕女，好像全都跑到街上湊興似的，新潮酒吧內青年男女肆無忌憚地高談暢飲，盡露法國人的浪漫。

翌日照偉信原定計劃，午餐來個海鮮大會，由他先把一個兩呎直徑的大盤子交給街市的魚販，買下四打生蠔和各式海鮮。魚販把生蠔開好，沿盤邊整齊擺放，中央置一大蟹，蟹旁有熟的中蝦和螺，還有蜆，偉信另外買些帶子，竟有大大的一盤。

我對布烈斯雞始終未能忘情，雖然在香港吉地士餐室吃過很愜意的烤布烈斯雞，也在法國的餐室嘗到煎雞胸，都覺得雞肉的鮮美確是別樹一格，但從未有機會試到中式的做法，因此便存了一個心願要用浸法去炮製。布烈斯雞的重量有一定的標準，約在2100千克(約4.6磅)以上，個子看起來頗大，我要了一隻，外子發覺雞販不由分説便把藍色的雞腳斬下來丟掉，外子連忙制止，要他從垃圾桶檢回來。雞腳套著一個鋁環，上有雞農的名字和布烈斯地名。Lisa也有她屬意的五花肉，偉信為她要了一大塊，還買了肉厚身重，顏色嫣紅的法國南瓜，大家喜孜孜地提著大包小包回家。回家後方發覺雞販丟去的不止我們要回來的藍雞腳，原來他把藍色翼尖那一節也切掉了，藍腳和藍翼是布烈斯雞的特有標誌哩！

浸雞需時。燒開一大鍋水，把皮上的幼毛清理淨盡，切數片生薑，連雞一起放入鍋內。雞這麼大，決不能以浸嫩雞的手法處之，只好把火候降至最低，半蓋起，讓雞慢慢煨熟，我們纔有時間吃午餐。

海鮮拼盤是巴黎海鮮餐室的特色，像我們自行配搭便經濟得多，可惜名貴的銅蠔都交到海鮮店，在一般魚檔是買不到的。蠔和蜆都鮮美可口，蝦和螺是煮熟的，蝦來自地中海，用海水煮熟，似我們的海蝦，但肉質較爽，味較鮮甜，螺比我們的東風螺脆得多了。那隻大蟹更利害，蟹蓋長滿了蟹黃，甘香豐腴，四個人也吃不完，蟹肉則平平而已。至於帶子(其實是帆立貝)，偉信用蒜頭豆豉蒸之，很嫩，我們吃到不能動彈。

買好菜大包小包捧回家

在家中享受豐富的海鮮大盤

為要能盡量發揮布烈斯雞的優點，我們得要明白其來源和特性。我們可追溯至法國路易十四時代，那時凡爾塞宮的奢食每餐都像一齣齣戲劇搬上舞台一樣，每道大菜都有廚師扛載，有專人吆喝開道，浩浩蕩蕩，轉灣抹角來到御桌上，雞饌是不可或缺的。當時最名貴的雞是來自盧瓦之北、諾曼第之南的利萬斯地區，此地飼養的雞純為供應宮廷及貴族之用。這種王者之雞的飼養方法一直流傳至今，為現時在里昂附近的布烈斯雞所採納的標準，而古法布烈斯閹雞更是法國雞的極品。法國人認為如果沒有嘗過這種閹雞，不算懂得雞的真味。

布烈斯雞養至8-14星期便加以閹割，這樣纔能保持母雞的圓潤體態而又不過肥。目前布烈斯閹雞仍然採小規模飼養方式，由少數的雞農每年合起來生產大約7,000隻，可算是雞中之王。由一九六七年起，布烈斯雞也像法國葡萄酒一樣，由一位姓米耶路(Mieral)的始創「原產地憑證」，每隻雞身上都附有一紅色的標籤，印上Appellation d'Origine Controlee 以證其出處。

布烈斯雞雞腳上套有鋁環，有雞農名字和布烈斯地名(見125頁)

布烈斯雞的飼養方法非常嚴格，在這地區有限的3,200平方公里內，五十個雞農竭力維持一貫的水準。一隻真正的布烈斯雞起碼要養七個月，餵以不含化學藥品的天然飼料，並讓雞隻在空地上泥沼中四處抓食昆蟲和蝸牛。在未出售之前還要經過「槽肥」的階段，餵以牛奶及穀物如黑麥子，黃麥子和玉米。宰時不能讓外皮有損傷以免影響幼滑的雞肉，然後小心把幼毛拔去，繼著用帆布包著雞身以保護細緻的雞皮。經過如此精心槽養的雞，脊骨全不顯露，雞皮白似珍珠，冠鮮紅，腳和翼尖都是藍色的。閹雞重約四、五公斤，現時每公斤售價約26歐羅元，可謂雞之極奢了。

我買的只是重2.1公斤的布烈斯肉雞，僅13.6歐羅元一公斤，價錢是閹雞的一半，但浸雞有困難，要有大量的水方能浸過面，用慢火煮更費時，我把半隻熟雞去骨切件，但四個人怎也吃不完，只好把餘下的放回原鍋浸湯內，置於窗台上，等同自然冷凍。品嘗的結論是：雞皮脆，雞肉結實而不韌，有很好的雞味，雞胸尤其汁多，蘸以薑葱油，非常可口，布烈斯雞有此美譽，可謂當之而無愧。但雞實在太大，待得雞全熟了便失去嫩滑的質感，並不適宜用中式浸法。

湊巧國際食品節在巴黎舉行，第二天吃過簡單中飯後坐的士到機場附近的展場，入場費每位50 歐羅元(約400港元)，以香港的水準看，算是很貴。場館一共有八個，以食品分類，商業性甚強，展覽單位旨在推銷產品，遇條件適合的當場立約成交，可說是找商業機會的人多，參觀的人少。來自世界各國的展覽攤位都以最佳質素的樣品供遊客試食，但沒有零售。我們邊看邊吃，簡直記不清吃了些甚麼。印像最深的要算試食世界馳名的西班牙依貝力高區Iberico出產的黑腳豬火腿，每家都把火腿裝在架上，一片一片的用特製的利刀削下來，其薄如紙，任人嘗試。火腿肉質非常軟嫩，味道鹹中帶香，説它是世界名腿，實不為過。

巴黎國際美食展覽會前

我們只逛了五個展館，在家禽館看到美國的雞和火雞，匈牙利的鵝和鵝肝，法國的鴨和鴨肝，肥美的鴿子和鵪鶉。在肉類館看到優質的美國牛肉，澳洲和紐西蘭的羊肉，丹麥和荷蘭的豬肉，西班牙和意大利的火腿。在蔬果館看到中國東北的乾豆和穀麥，雲南的野生乾菌，福建的培養乾菌，可惜我們的乾燥技術不如人，讓法國的貨色比下了。我們還有佳種茶葉和一些零碎的食品，都不足以代表我們地大物博於萬一，想我們對外貿易的手法尚待大大改善。在另一場館有香港李錦記展覽單位，貨品齊全，包裝、陳列和説明可説合乎世界水準，大陸的商人在這幾方面應該多加點勁。

蔬果展館品種之多簡直目不暇給，試到的樣本都是十分新鮮的。美國加省的攤位更是五光十色，法國有地利之便，也盡出解數，把最好的展出來，其中的沙律菜，全用有機方法種植，新鮮可愛。其餘的國家，都不甘後人，各展所長，真是數之不盡。我對蔬果興趣特濃，看得心花怒放。展酒的場地令人眼花日眩，光顧的人很多。此外奶品，尤其乳酪，有似個大鼓，也有像桌面，酸乳酪形形色色，奶油亦種類繁多，橄欖油和食用植物油佔了頗大的位置。雖然是走馬看花，倒也像上了一堂物料課。

可惜關館時屆，要依時離場。回程時無法找到的士，改乘火車回市，一路擠在過載的車廂，空調不足，差點兒窒息。幸而家中仍有賸下的雞和偉信為他媽媽燒好的五花肉煮法國南瓜，肉嫩瓜甜，加了魚露，風味極佳。我拌個手撕雞，將所有雞骨放回浸湯內，偉信投下一大棵津白煮湯，可見家常便飯自有滋味在其中，不一定動輒要上三星名廚餐室或食必鮑參翅肚纔算識食哩！

在巴黎已三天，應是飛意大利的時候了。第二天我們絕早赴機場，殊不知早上找的士竟是那麼艱難，結果誤了班機，迫得改乘下一班，到達都靈時來不及參加早已安排好的環市半日遊，在慢食行動的辦事處報到後回酒店休息。在都靈逗留共四天，然後折回巴黎。

這次再留巴黎三天，有些約會早便定了，看似沒有太多的餘暇，所以一下機又去買中飯的菜，仍是一個海鮮盤，免去大蟹、螺和帶子。Lisa念念不忘她想吃的沙甸魚，買了一公斤，偉信把魚沖淨拭乾，排在烤盤上，灑些海鹽，淋下橄欖油，在明火下烤至香脆。沙甸魚雖是粗物，但炮製得法，甘腴而帶海水的氣息，鮮美無倫。

燒雞真香

在肉類精品店前，有一檔明火烤雞，各種不同質素的雞同串在電動的烤扦上，烤扦一面轉動，雞油便滴落烤扦架下的槽，槽內放滿了小馬鈴薯、小洋葱和甘筍，槽下加熱，烤熟了便盛在塑膠盒子內出售。這小檔將整幢牆改裝為電動明爐，可以一次過烤雞一百隻，顧客往往要排隊購買，生意好極了。烤雞的價格按雞的品種而定，大致分為：一般A級雞；認可雞及紅牌雞三種，但沒有烤布烈斯雞。

法國最出名的古法麵包店前留影

我們難得去一次巴黎，更貴的布烈斯雞也肯買了，自然選購紅牌烤雞作晚餐。偉信特別吩咐檔主挑一隻只得七成熟的烤雞，回家加工控制火候，免得雞烤過頭，他又買了法國著名的嫩四季豆，加上脆皮棒子麵包，就是美味而豐富的晚餐。烤雞皮脆肉嫩汁多，稍下香草，以突出紅牌雞的原味。紅牌雞是走地飼養的良種雞，肉質結實鮮美，咬口上絕無粗糙之感，使我想起去年在廣州勝利賓館嘗到的清遠走地大閹雞的風味。

翌日是星期天，Lisa早已答應以前偉信在巴黎工讀時服務的餐館東主亞利之約，到他在巴黎近郊的店子吃晚飯。因為巴黎的飲食店舖星期日下午和星期一都休假，我們早上便要到超級市場採購菌品帶回港，買了瓶裝的黑菌、黑菌油和黑菌汁，又挑了新鮮的黃菌、藍腳菌和羊耳菌，可惜牛肝菌季在兩星期內已過時，要待來年了。我們在街市對面的小餐館吃中飯，大家都很滿意。

中飯過後偉信帶我們到賽納河在巴黎分流的地方，那裏夾著兩個小島，我們信步過橋，只見遊人如鯽，成群少年男女，穿了有孤狸尾巴的外衣，叫叫跳跳迎接萬聖節的來臨。島上精品店和畫廊隨處可見，我們慢慢欣賞，喝杯濃加啡，吃巴黎最負盛名的雪糕，不覺又過另一道橋，抵達賽納河南岸。偉信跟著帶我們去皇家廣場(Imperial Plaza)，那本來是路易時代帝王的公園，昔日廣場四週的建築物，今天變了很多地舖，專賣藝術品。很多街頭賣唱者，坐在走廊自彈自唱搏點賞錢，更有成團的室樂家，就地演奏古典樂曲，氣氛與穿著整齊坐在音樂廳內欣賞，大異其趣。

不覺已是黃昏，在微雨中我們走到和亞利約定的地點，由他開車載我們到他現時服務的餐館去。當晚是他掌廚，燒的是中、越混合的菜式，很豐富，可惜多屬炸的菜式，我們大家都旅途勞頓，胃口有限，反而吃不下。言談間聽到不少越南難民的辛酸故事，而他們竟能歷盡艱辛來到巴黎落地生根，實在不容易。亞利十多年前因過份擴張餐館業務，引致破產，至今舊債尚未全部清還，夫婦二人恐怕還要多捱幾年哩！

十月二十八日是我們留巴黎最後一天，偉信要加倍努力清理並關閉寓所，故此我們執好行李後便陪Lisa到拉發業(Lafayette，香港人多稱之為「老佛爺」)百貨公司購物，回程時我們三人分別在地鐵車廂內遭一群吉卜賽小扒手光顧，幸得一法國青年高聲提醒我們纔能倖免，可算是這次旅程的終場曲。按照行程我們乘晚機回港，告別巴黎時不勝依依之情，只盼還有再來的機會！

二〇〇二年十二月二十六日後記：聖誕前兩天小友岑卓堯來接我到「城市超市(City Super)」去買菜。這是香港唯一專賣法國食品的高檔超級市場。我目的在買兩塊空運來的法國鮮鴨胸

拉發業百貨公司的位置

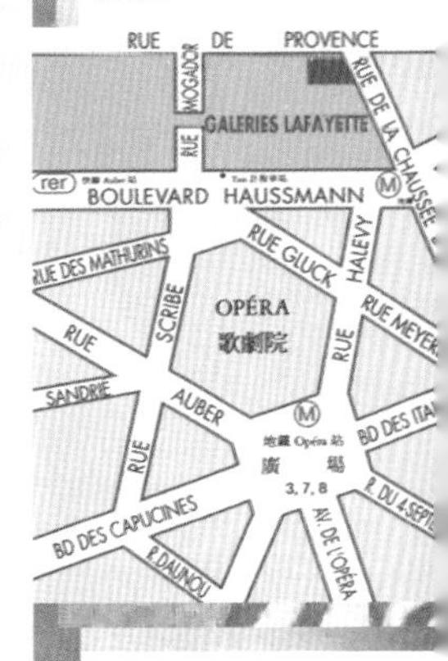

和一些黃菌，結果鴨胸售罄，改買了一塊美國飼養的和牛骨眼排 (Wagyu Rib Eye Steak)、幾色乳酪和西班牙依貝力高火腿。正當結帳離去之際，見到禽肉陳列櫃內有布烈斯雞，個子比我在巴黎買到的小得多，只有1300克左右，外觀也較圓潤，正合浸白切雞之用。我雖然心中喜極，但家中只得兩人，牛排之外不能再吃其他，只好等新年時再來，便游說卓堯的媽媽陳煌麗把最小的買下來。她不是「雞友」，只偏吃游水海鮮和鮑參肚翅，推說不會做，怕糟蹋大好作料。我答應教她，叫她回家後打電話來。

煌麗算是我近年來收到的「口授學生」。「口授」形式包括直接面授或電話傳授，要學做甚麼，我面授機宜之後她回家實驗，認為煮對了便帶來「交功課」，只要她肯用心，成績往往不錯。雖然我對她的「食德」不大苟同，兩人還是常常講食，買菜煮食，真也算是個學生。她居然向一些功夫較差的泳友大言炎炎，充正專家，別人讚她幾句，她受落如儀，還誇大其辭問：「你可知我師傅是誰？」老師一向低調，真被她氣壞！

我告訴煌麗要先燒開一大鍋水，深度要浸過雞面為合，大火燒開，投下生薑數片，穿上清潔手套，拿着雞腳，把雞浸下沸騰的開水，待沸水填滿了雞腔，把雞提起來，讓腔內的水流出來，水再沸後放下雞，使沸水填滿雞腔。如是多操作三次，把鍋蓋起來，用最小火煮十五分鐘。揭蓋，大火將浸湯重行燒開，加蓋，改為最小火煮十分鐘，停火，擱一小時。

本來特級校對教我浸雞的方法是：要先行預備一盤冰鹽水；在小鍋內下些許油爆香一大塊薑、一撮芫荽頭 (連根)，數棵青葱，敲破草果一個，加水四杯、海鹽四大匙，收乾為兩杯，擱冷候用，同時準備冰塊兩盤，冰水一瓶。雞擱好了移到一個大盤內豎立，快手把冰塊填滿雞腔，倒入鹽水，再加冰水蓋過面，包以保鮮膜，冷藏起碼四小時 (最好過夜) 可斬件上碟。煌麗如法炮製，但在中途煮了十五分鐘、等待浸雞水再燒開之時，她把雞移出用自來水去沖，一直沖至水開了纔把雞放回鍋內，加強了冷熱交替的效果，使雞肉更結雞皮更爽。

因為鹽水要先行準備，所以煌麗把浸熟的雞拿到我家，借用我的冰鹽水。我放雞在大盤內，填冰，加鹽水，再加冰水蓋過面，然後大家一起到馬會健身室做運動，一切完畢後回家。她又說想用雞做海南雞飯，要我教她把雞出骨斬件。我把所有帶脂肪的皮都留起來，煌麗用之來炒香一個草果、乾葱和米，加入用浸雞湯和雞骨熬成的湯，煮成海南雞飯，賸下的雞湯加津白，伴以蘸汁，是一雞三吃的全餐。她留給我一隻雞翼，一些白肉和黑肉，雞已有鹽味，不用甚麼蘸料，原味全部保留。我在巴黎買的布烈斯雞太大，有很好的雞味而口感不對，頗為失望。像這次買的嫩布烈斯雞，大小、做法都對了，試食時胸肉特別嫩而汁多，咀嚼後舌頭留下一種說不出的甜美味道，雞腿肉滑而脆，最值得讚賞的是雞皮，雖然我一向對雞皮存有戒心，但也忍不住要去試。不試猶自可，咬口竟然爽、脆、滑俱全，而且口口甘腴，說布烈斯雞是雞中之王，實是名不虛傳。

希望聖誕過後，新的一批布烈斯雞又會運到，卓堯已答應再帶我去買。但到現在還沒有想到怎樣做哩！見招拆招可也。

二〇〇三年一月十四日後記：將近新年，卓堯果真再到尖沙咀城市超級市場為我買布烈斯雞，據稱聖誕訂來的雞賣不出，一到保鮮期全部要棄去，店方決定不再入貨，但如一次過訂一箱(六隻)則可以考慮。我們只找得三個人，不夠一箱，要到銅鑼灣方能取貨，結果我們在一月十一日取得三隻，真可惜，這批布烈斯雞竟然每隻重量超過二公斤多，比我在巴黎買的還要重三百克，失望之餘只得把胸肉起出，再用竹籤縫回切口，把雞先浸熟然後浸在冰鹽水裏，約偉信來試食。

我將胸肉片薄，夾在兩塊蠟紙中間，用棍擀至極薄，拌以蛋白、干邑酒、胡椒粉、鹽、糖和少許生粉。偉信來到我開始攤開雞片，中釀碎黑菌醬(巴黎買回來的)捲起成小筒形，撲上麵粉，由偉信作最後加工。他用一半橄欖油一半牛油去煎雞卷至兩面僅熟，移出，灑下黑菌汁，再加少許上湯，調入約兩茶匙牛油稠汁，把雞卷回鍋拋幾下便上桌。胸肉鮮嫩無比，有黑菌醬調味，又有黑菌汁作芡，真是相得益彰，天衣無縫，果是信手拈來不可多得的名雞饌！

至於其餘部分，皮仍然爽脆，雞味雖濃，但不夠嫩滑。最後結論是：除非雞重在1,300克或以下，較大的布烈斯雞不宜以中式浸法處之。

二〇〇三年二月二十八日後記：今天香港報章的國際新聞版，報道一位法國三星大廚貝納・羅叟(Bernard Loiseau)因為《高特・米優(Gault Millau)》食評指南將他甚負盛名的餐室，從去

布烈斯雞的「原產地憑證」(參見126頁)

年十九分降至十七分，貝納認為是奇恥大辱，不能忍受，於是吞鎗自殺。很多人都諉過於食評家，筆下操生殺之權，給予廚子太大的壓力，有以致之。和偉信談起這事件，他只覺得十分可惜。兩年前當香檳區的Perrier Jouet　酒莊舉行一百週年紀念時，便請到這位名廚來表演，那晚他所燒的主菜正是布烈斯雞胸肉捲着新鮮的黑菌片，再加一個黑菌汁，無論在肉質、味道和香氣，都令偉信畢生難忘。他和我一起煎的雞卷，就是倣他當日的做法，只是我們用切碎的瓶庄黑菌吧了。

# 「慢食行動」與薩盧蘇雞

（原文寫作於2002年11月）

## 「慢食會」頒獎典禮

得小輩郭偉信的介紹，從《慢SLOW》雜誌中我認識了「慢食會SLOW FOOD」這個不牟利的世界性組織，很快便認同了它的宗旨和宣言，加入香港分會，成為會員。

一九八六年當美國麥當奴快餐店在意大利羅馬最具歷史性的西班牙大石級旁開業，意大利人認為是奇恥大辱，四千多名傳媒及愛護傳統飲食的人集合在石級前抗議示威，卻也無可如何。快餐的歪風席捲全球之下，各國傳統飲食文化受到前所未有的影響，在飲食習慣、儀節、甚至家庭成員間的關係，都引起很大的變化。

到了一九八九年意大利最著名的飲食作家加路·匹采尼(Carlo Petrini)，發起了一個名「慢食」的組織，目的希望在快速的生活步伐、惡性的市場競爭、食品的工業化與口味標準化的衝擊與快餐洪流泛濫之下，能找出可行的渠道去保衛固有的飲食傳統，使人能真正體味到食不單為飽腹，也應為身心的享受。起初「慢食會」只是一個美食組織，致力於重新尋找餐飲的樂趣，喚起會員要以味蕾及嗅覺作引導去達到品嘗的最高境界。

到了一九九六年，慢食會的取向由美食轉至環保，從聖經上的挪亞方舟得到靈感，創立一象徵式的「味之方舟(The Ark of Taste)」，在方舟內收納了一百五十種稀有或瀕臨絕種的生物物種或已經失傳的食品製造方法。其實「味之方舟」沒有實質上的形，只是個記錄，載下符合方舟要求的物種，模擬有一天「快」的洪水如果淹沒大地，方舟內所保存的，都能及時得以延續。慢食會更鼓勵農人生產高質素的農作物，使人不只要認識甚麼纔是好的食物，尚要知其出處、誰是生產人，和怎樣纔能保護這些食物將來不致滅絕。這個美食環保運動，同時聚焦在食品教育上，於是便有《慢SLOW》雜誌季刊在意大利的出版，現時已有英文、德文、法文及西班牙文版本，作者和讀者都是教育水平高的熱心人士，文章內容非常豐富，涵蓋世界性的農業、牧畜業、釀酒業和飲食文化的歷史和現況。

像匹采尼所說的「慢」，是真箇慢慢的種，慢慢的養，慢慢的收，慢慢的製造，慢慢的分配，慢慢的煮，慢慢的品嘗，而每一過程都十分緩慢，不是一蹴可就，所以「慢食會」的會徽是一隻「蝸牛」。而這個「食FOOD」字，除了吃東西的食，還包含食材的食，飲食的食，食制的食和文化上的食。若要詳加分析，那就不勝枚舉了。

雜誌創刊至今，從二○○二年起，季刊增為雙月刊，「慢食會」已有會員七萬人，單在美國已有五千人。「美國慢食會」有六十二個分會（Convivia or Local Chapters），亦有「美國方舟（American Ark）」，荷蘭和丹麥也有各自的方舟，與總會的方舟相呼應。目前全球有四十五個國家、一共六百個地方性的分會，每年有小型年會，每兩年有國際性的大會。

二○○二年的大會，在意大利都靈市（Turino）舉行，主題是生物物種的保護（Protection of Biodiversity），並頒發獎項予致力保護生物物種最出色的個人或團體。我和外子報了名參加，同行的有郭偉信和他母親Lisa Kwok。

慢食會大型晚宴

與其說是去開會，差不多是參加一個別開生面的包價旅遊，包括四天在都靈市的酒店住宿，機場接送，市內免費交通，博物館入場費五折優待，兩天環市旅遊，到傳統皮特蒙式餐室（Piedmontese Osteria）晚膳，享受北方意大利菜，參加慢食會的頒獎典禮及會後的大型晚宴，三天美味沙龍（Salone del Gusto）入場票，最後是全天一日遊，有四個景點任擇。我們選了到數十里外的薩盧蘇（Saluzzo）去

參觀一個養雞場，了解一下整個市鎮怎樣傾全力去挽救一隻瀕臨絕種的大白雞 (Saluzzo Bianca)，並到該地的傳統餐室試食。

我們先到巴黎，停留數天再轉往都靈，很可惜我們誤了飛機的班次，趕不上乘旅遊車環市的節目。晚上我們到一家專賣意大利北部傳統菜式的餐室用飯，開始和其他的會員交流。意大利一如法國，食物是要慢慢品嘗的，菜式雖然濃膩一點，但這正是皮特蒙菜的特色，我口味偏向清淡，只能淺嘗。大家邊談邊吃邊喝，一個晚上就悠閒地過去了。

第二天早上有步行觀光，我們沿著古都靈廣場慢步，欣賞古味盎然的建築物，參觀一間博物館，到一家小店喝熱騰騰的巧克力叫bicerin的飲品，方知原來都靈是巧克力糖的發源地，難怪市中巧克力糖果店林立，不愧是個巧克力城。步行遊覽最後一段是都靈市最古老的市場，到了目的地領隊便離開讓我們自由行動。

享受都靈的傳統小杯熱巧克力飲品

這個市場很特別，原來的室內市場因為外圍的露天市集吸引去一大部分顧客，顯得有點冷清，裏面只有兩、三魚檔，幾個肉檔和菜販，雖然整座建築物的設計很古樸，但已微露剝落。意大利自從五十年代由汽車製造業帶動了經濟起飛，都靈經歷了第一次的移民潮，今日的移民來自世界各地；從東方，從中歐，從南非洲和無數仍在開發的第三國家。環繞著市場的幾條街道十分旺盛，滿佈外來移民的餐室，要食甚麼國家的菜都可以在此找到。

市場對面是露天市集，聚集了從境外開車來擺攤子的人；非洲人，中國人，越南人，馬來西亞人，回教人，不一而足，這班流浪式的小販，賣的是自己民族土產、雜貨和廉價衣物。每日尤其星期六，住在都靈一百四十三個不同國藉的居民都來這裏購物，聽說單是摩洛哥人和亞拉伯人便有一萬八千名，他們都是可蘭經的信徒，不吃豬肉，不飲酒，但串燒羊肉的香氣瀰漫著市場一帶。一些住在巴黎的溫州人也不甘後人，老遠開著貨車，沿途停留，就在車上宿一宵，來售說得出都有的中國便宜貨，大做他們的尋金熱夢。

雜貨攤檔後面是蔬果市場，對我來說這是最有與趣的。蓬帳下的攤子擺滿了皮特蒙區的土產水果和蔬菜，新鮮明亮似幅水彩畫，我們買了此地最著名的橘子，幾個蘋果。忽然見到有幾檔賣野菌的，眼前一亮，立刻擠上前去，可惜我們還有多天纔回港，就算那些新鮮牛肝菌五顏六色，大小參差，只好眼看心羨，買了乾的。白松露菌和黑松露菌十分貴，因為無法保存，每樣買了一顆算數，大呼入了寶山空手回！

離開了市集，我們到一間意大利餐室午膳，之後連行帶走地趕到慢食會頒獎會場。獎項先由七百個會員組成的遴選委員會作第一次提名人的選拔，然後由慢食會會長領導下的評審團挑選出十三位獲獎者，再從十三人中選出五位特別裁判員大獎。每一位參賽人的事工，都代表綠色和平運動者的堅毅不撓的刻苦精神和對生物物種救亡的偉大故事，藉著慢食會的支持、宣揚與獎勵，得以傳播到世界每一角落。今年(第三屆)五位得獎者如下：

1. 卡馬拉Boubacar Camara 及地亞諾Mamadou Bailo Diallo， 西非洲幾內亞國(Guinea)。他們組織當地婦女，成立合作社，利用當地森林裏生長的崇加拉樹(soungala, 學名Harungana madagascariensis)用樹葉來供應家畜飼料，把種子加工製成叫做新天(sintin)的傳統高能量有食療作用的飲料出售。

美食沙龍內品嘗中東薄荷茶

2. 阿物地(AMIDI, Asociacion de ujeres Indigenas para el Desarrollo Integral)南美洲危地馬拉國。婦女組織的合作社實行有機耕耘，養雞賣蛋，改用當地品種雞，出售自己生產的有機肥田料。

3. Katsuhiko Takedomi(日本九州)，用傳統古法，將斬碎的當地蘆葦和垃圾埋地，自然腐敗，作為肥料，種植日本傳統的黑米(kuromai)、紅米(akamai)和綠米(midorimai)供應高檔食肆。

4. 地務斯(Dinitrios Demos)，希臘。養了110隻瀕臨絕種的katerini牛(全國只有160隻)。這牛肉質高超，大受歡迎。

5. 阿拉哥斯 (Haydar Alagoz)，土耳其。他屬於東土耳其山區的庫克 (Kurd) 少數民族。當地的杏子大如拳頭，但在1930年代所有杏樹都死掉了。他找到杏核，重新恢復這稀有名果。

大型晚宴在一間會所內舉行，見到很多慢食會的重要人物，美國加州最熱中綠色運動的名人亞莉絲華特氏 (Alice Walters) 也在會場，我們上前和她握手寒暄，以示鄉親之誼。五位得獎者亦分別與會員握手，一時衣香鬢影，歡笑滿堂，極其熱鬧。酒會的小食以醃肉和肉腸的種類特多，最引人注意的是一大盤開邊熟蛋，蛋黃異樣的紅，像個黃昏的落日，特別甘香。晚宴的餐單並不豪華，用的都是行營作料 (Presidia food)，烹調技巧也有瑕疵，但同席的來自不同的地方，話題因而特別廣闊，上天下地，無所不談，是整個宴會的插曲。我們有幸認識了這個運動，參與了饒有環保意義的盛會，結識了不少一見如故志同道合的朋友，真的不枉此行。

意大利肉腸、火腿及中央的全肥火腿

翌日在「美味沙龍」內，我們嘗到由慢食會不同的行營 (Presidia) 準備的午餐，行營是「方舟」認可的組織，是推行「方舟」決策的實體，所供應的食物，如各式古法醃製的意大利火腿，未經消毒牛奶製造的乳酪，稀有穀物做的餅食，有機種植的蔬果，走地雞雞蛋等等，十分豐富。沙龍舉辦廿多個專題講座，由專業人士主講有關飲食的專門課題，可惜一早名額己滿，只好等待來年。展覽場館內參展的飲食攤檔雖不若我們剛在巴黎參觀過的國際美食展覽之多，但獨特之處，則純屬「慢」的。而且如果遊客有興趣，可以購買或試食。我們逐檔瀏覽，試食了不少「慢食品」，最有趣的莫若皚皚如白雪、豐腴甘美的肥火腿，和從碩大的燒豬割下來的豬肉三文治，又買了意大利的白松露菌和菌油，首榨的新橄欖油，煮麵用的香料，馳名世界的陳年酒醋等等，要是能帶，一定會買得更多。

在農業學校與摩蘭高先生 (中) 合照

## 薩盧蘇雞

翌日我們絕早起床，趕去薩盧蘇 (Saluzzo) 參觀一所當地農業學校附設的雞場。因為我們沿途要參觀薩盧蘇古城，並到當地的傳統餐室午膳，行程頗為緊湊。

遠在中世紀，薩盧蘇山谷一帶屬侯爵薩盧蘇的采邑，是意大利文化中心，歷史悠久，古蹟文物豐盛。我們先到山坡上參觀一所當年的貴族學校遺址，學校外牆本來滿佈壁畫，經過日久風化，壁畫大部分剝落褪色，而且內部正在進行重修，我們不得門而入，留連片時便往山下去。沿途經過很多可以下瞰整個山谷的觀景點，薩盧蘇城一覽無遺，心神為之舒暢。我們小心翼翼、拐彎抹角地走下斜坡，到一家很地道的餐室，去試食名馳皮蒙特區的薩盧蘇大白雞，算是我們參觀雞場的前奏曲。

未見其雞，先嘗其味，總算是個新經驗。菜單上只得一式雞饌，是白雞絲沙律，可惜水煮的雞絲用了微酸的奶油汁來拌，掩蓋了雞肉的原味，以致我沒有辦法將它與法國最著名的布烈斯雞相比，實屬美中不足。其他的菜式很豐富，仍嫌奶油過濃，但古法烤製的穀麥麵包口感特別好，與巴黎流行的手製麵包可比一日之長短。飯後下山到市中心乘車到雞場。

雞場設在維蘇奧盧農業學校（Agricultural College in Verzuolo）內，面積很廣，一進入校門，便見四週疏落地種滿了果樹，樹旁有些小籠，養着不同品種的兔子，想係受保護瀕臨絕種的。抵達學校大樓即有人來相迎，帶我們到講堂，解釋薩盧蘇大白雞的來源和他們的計劃。

雞場前摩蘭高領隊講解

快樂的薩盧蘇大白雞

説來話長，農業學校有兩位教師，摩蘭高G. Morengo和威安奴P. Viano，早有計劃要拯救兩隻皮特蒙區特有的比安達黃毛雞（BiondaPiedmontese）和薩盧蘇（Bianca di Saluzzo）白雞。半世紀前薩盧蘇采邑一帶的農民都養雞、鴨、鵝和兔子，以供自用或出售，也曾有過一個時期每個農莊起碼會養二百隻白雞和黃雞，一日可產雞蛋十五打，供給市場的需要。到了一九六〇年代，工業養雞法傳至薩盧蘇，於是低成本高效率的現代大規模飼養法把傳統的戶外飼養法驅逐，除了少數農人養來自用，大部分雞農已放棄飼養，黃白二雞幾近絕種。這兩位教師從個別的小農莊獲得一批可孵化的雞蛋，孵出一千二百隻小雞，分配給幾家小農場去飼養。他們不遺餘力地宣傳，希望有人響應，甚至推行一個「收養一雞」的計劃。二〇〇一年時薩盧蘇行營（Presidium）已有十個生產單位，約養二千隻黃毛雞，四千隻白雞；到二○○二年有了新的孵化器後，會增至一萬二千隻，這樣，雞隻便可慢慢地增加。

為推廣延續這兩雞種，古尼奧(Cuneo)市政府大力支持由慢食會與農業學校合作的行營。我們從學校大樓緩步上斜坡，由威安奴先生親自作嚮導，越過了鐵網入到雞場，只見長著殷紅雞冠的大白雞疏疏落落地在松樹下的空地上漫步啄地覓食，一發覺有人便喔喔高鳴，其他遠處的雞也跟著響應，啼聲此起彼落，恰像一闋美妙的歡迎迴旋曲。威安奴先生耐心地向我們解說，白雞的飼養完全依照嚴格的規定：每隻雞起碼要有五平方米的放養空間，讓它們可以在廣闊的草地上走動；禁止用化學催長劑；飼料純粹是素食，如自然生長的穀麥、野菜和蔬菜；經常供應潔淨的食水等。一直全用穀麥養至四十天後加餵玉米，摒棄所有化學藥品，包括防禦疾病的藥物在內。肉雞要養至一百五十日後方可宰殺，閹雞則要養二百一十日。

因為要依足規格，成本特高，目前每公斤約售十二至十三歐元，與法國著名的布烈斯雞價格相若，顧客多是大餐室、精品店及私人用家。在皮蒙特區域已有很多人投身這個救亡計劃，一些農業學校的畢業生選擇了養這兩種雞為職業，甚至那些退休長者也會從事小規模飼養。米蘭大學又與農業學校合作，追蹤及研究這兩雞種的源流和基因。農業學校也積極把這兩種雞隻帶到意大利大城市的市場、展覽會、農人節日等地方作巡迴展覽，以廣宣傳。據威安奴先生說，他們的第二步計劃是要建造一所宰雞場，這樣他們的行營便能包辦整個由生產至消費的程序。

看，它們多強壯

日色西沉，我們和威安奴先生拍照留念後便回都靈，四天的旅程就此完結。

或有人會問，一隻白雞有甚麼好看的？殊不知養雞事小，重要的還是養雞的動力來自個人對生物物種的愛護，從個人而及於社會，最終讓慢食行動能傳播到世界每一角落，叫我們和下一代能致力建立一另類世界，使物種可以延續，從潔淨的土地茁長出良好的食物，更讓我們能慢慢地、好好地享受飲食的滋味。

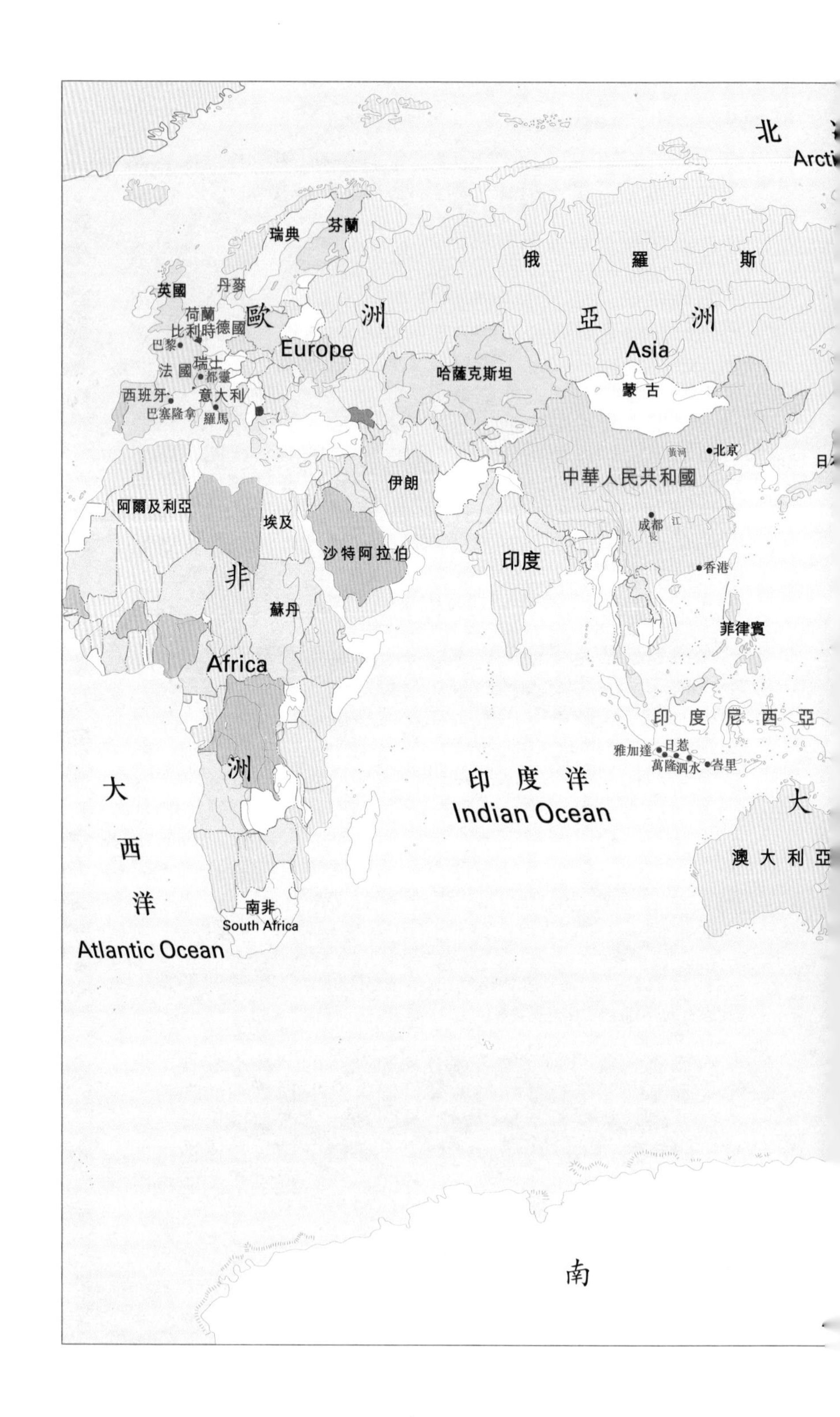
北
瑞典
芬蘭
俄 羅 斯
英國
丹麥
荷蘭
歐 洲
比利時
德國
巴黎
瑞士
Europe
法 國
都靈
西班牙
意大利
巴塞隆拿
羅馬
哈薩克斯坦
亞 洲
Asia
蒙 古
黃河
北京
中華人民共和國
伊朗
阿爾及利亞
埃及
沙特阿拉伯
成都
長
江
印度
香港
非
洲
蘇丹
菲律賓
Africa
印 度 尼 西 亞
雅加達
日惹
萬隆
泗水
峇里
大
西
洋
印 度 洋
Indian Ocean
大
澳 大 利 亞
南非
South Africa
Atlantic Ocean
南

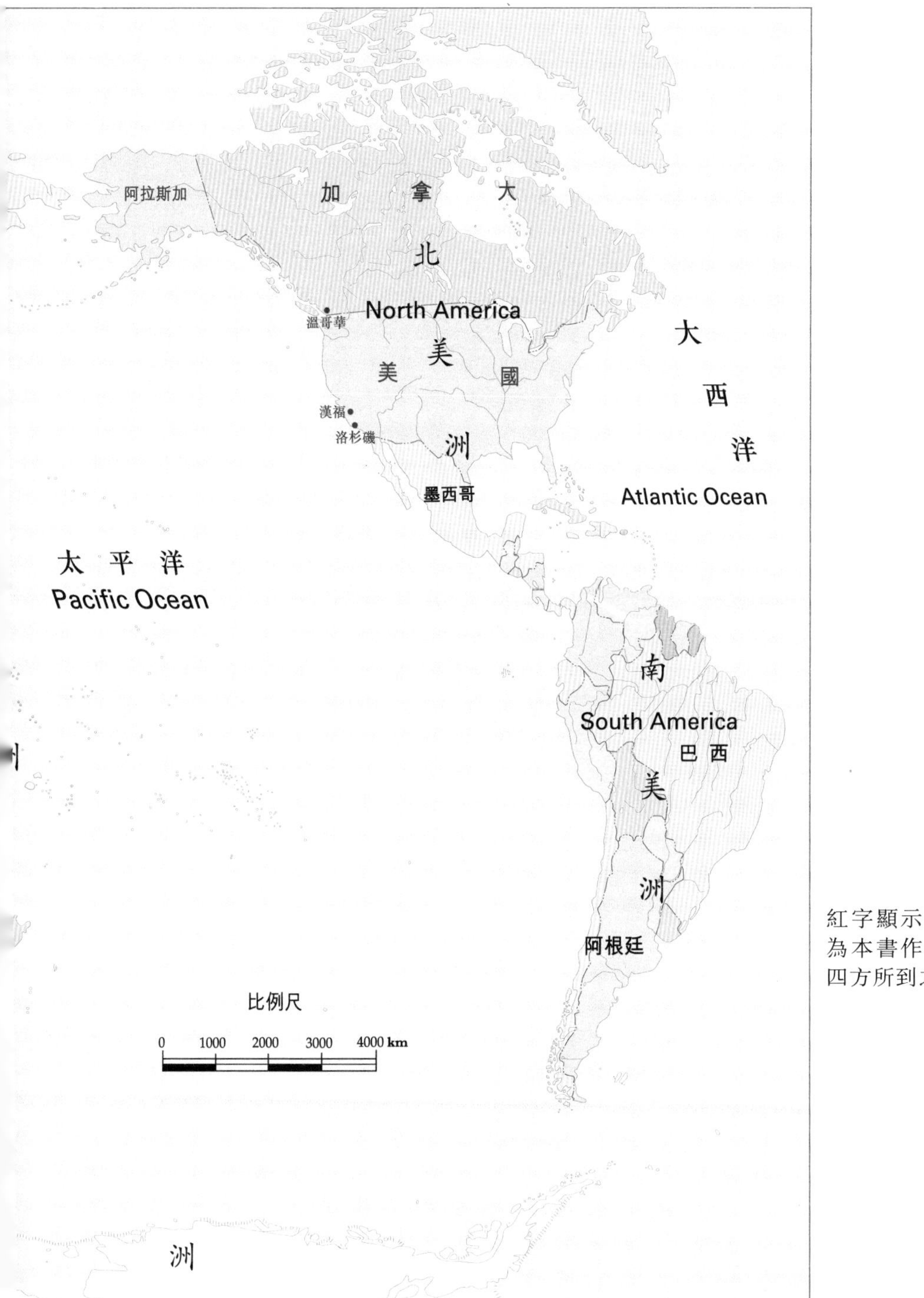


紅字顯示的地名
為本書作者遊食
四方所到之處